未来につなげる みつけるSDGs

やさしくわかる カーボンニュートラル

脱炭素社会をめざすために知

JN015278

小野﨑 正樹［著］
小野﨑 理香［絵］

技術評論社

はじめに

「カーボンニュートラル」ってよくわからない。そんな疑問に対して、本書は、オールカラーのイラストでわかりやすく説明し、楽しくカーボンニュートラルを知ることができる本です。

世界で地球温暖化が問題となり、その対策として「カーボンニュートラル」や「脱炭素化」が注目されています。新聞紙上でも、毎日のように、火力発電を廃止する、水素やアンモニアを輸入する、CO_2を減らす技術や新しい電池が開発された、はたまた、日本はカーボンニュートラルのビジネスに乗り遅れているなどのニュースが掲載されています。また、カーボンニュートラルを進める過程で、石油の価格が上がったり、ロシアのウクライナへの侵攻などで天然ガスが不足する事態にもなりました。世界を俯瞰してカーボンニュートラルを進める観点から、地政学も注目されています。

2021年にノーベル物理学賞を真鍋淑郎博士が受賞されたのは、地球温暖化の研究を切り開いた功績によるもので、学問分野からもそのメカニズムが明らかになっています。2021年にイギリスのグラスゴーで開かれたCOP26（第26回国連気候変動枠組条約締約国会議）を経て、もはや、カーボンニュートラルは、すべての国が追及しなければならない目標であり、その実現を図らないと世界で生き残っていけないことになってきました。

とは言え、カーボンニュートラルは、政治や経済、制度の問題、研究や技術の問題、人々の意識の違い、欧米や発展途上国間の違い、地政学の課題など、あらゆる分野が関係したテーマであり、なかなか捉えどころがありません。難しいテーマですが、それゆえに、将来を担う子どもたちには何を知って、考えてもらいたいか、大人には子どもたちがどのような生活をめざすのか、ビジネスにどう活かすか向き合っていただきたいと思います。

この本では、地球温暖化はどうして起きたか、その対策であるカーボンニュートラルとは何であるかに始まり、具体的な方策としてしばしば話題に登場する再生可能エネルギーや水素をどうやって得て、使っていくのかを説明します。再生可能エネルギーは、太陽光発電や風力発電だけではなく、地熱発電やバイオマス利用など多岐にわたります。国によって気候や地形が異なっており、適する再生可能エネルギーも異なります。また、再生可能エネルギーが豊富な地域から再生可能エネルギーで作った水素などのエネルギーを輸入することも考えられます。そのためには、地政学の見地からの判断が欠かせません。

CO_2を回収する方法や、地球規模で回収したCO_2を使う方法も重要です。特に、オーストラリアなど、再生可能エネルギーが豊富な国との連携も提案しています。さらに、日本や世界がどうやってCO_2を減らそうとしているのか、特に、電力、鉄鋼や自動車などの産業や自治体が何をしようとしているのか、何をしていかねばならないか、SDGsにどう取り組むか、そして、われわれはどんな世界を目指していくのかをわかりやすく説明しています。

かわいい動物キャラクターのイラストにより、それだけでも意図が通じるように工夫しました。今回は、私が好きなフクロウに先生役になってもらいました。そして、娘の小野崎理香の助けを借りて、だれにでもわかってもらえるように仕上げました。動物たちの疑問と答えを対にして、年齢を問わず、小中学生の子どもたちに興味を持ってもらえることを期待しています。

最後に、このような企画に賛同いただいた技術評論社の最上谷栄美子氏には、本書の出版に際して大変お世話になりました。ここに深く感謝いたします。

2023年 4月　小野崎 正樹

目次

2章 再生可能エネルギーを使おう 37

3章 水素でCO_2を減らそう 59

4章 CO_2を回収して利用しよう 69

5章 カーボンニュートラルを実現しよう 83

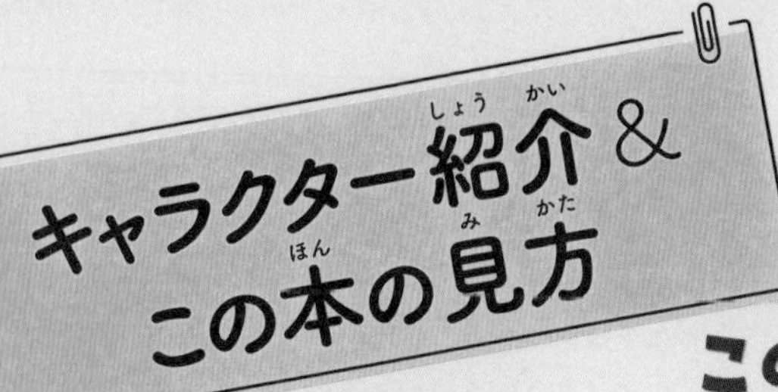

キャラクター紹介&この本の見方

この本で登場するキャラクター

この本ではウサギさん、カエルさんが日ごろ疑問に思うことをフクロウさんに質問します。フクロウさんはその疑問について、丁寧に解説してくれます。

フクロウさん

世界中を旅して環境から産業、エネルギーのしくみなど、幅広い知識を持つ物知りフクロウさん。ウサギさんとカエルさんの疑問に丁寧に答えてくれる。

ウサギさん

最近の地球の温度上昇が、気になり出したウサギさん。この温度上昇が、どんな原因なのか知りたくて勉強をはじめた。

カエルさん

特に海や水辺の環境が気になるカエルさん。これからも水辺で暮らせるのか、ご飯は食べられるか気になっている。

この本の見方

この本では、解説文をよりわかりやすくするために、イラストやキャラクターの会話で説明しています。また、キャラクターの会話だけでは難しい言葉は、各ページのコラムでさらに詳しく説明をしています。

最初から順番に読んでいただけるようにしていますが、気の向くままにページを開いて読んでもかまいません。まず、気軽に開いて読みはじめてみてください。

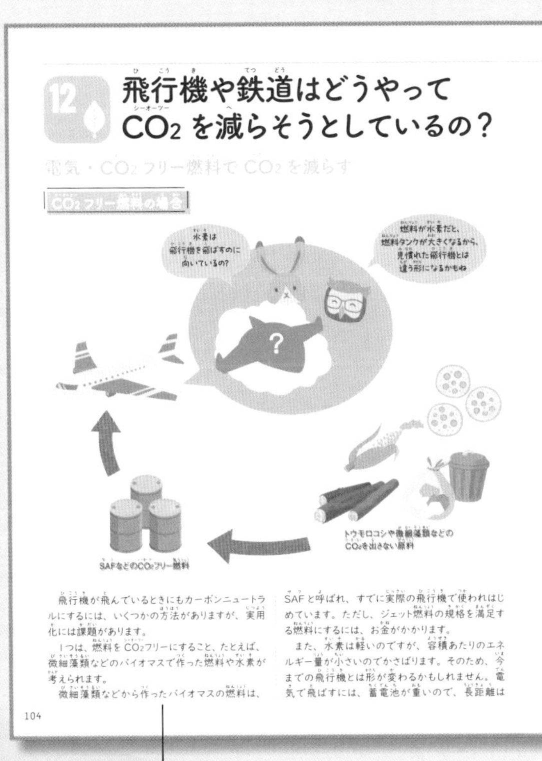

12 飛行機や鉄道はどうやって CO_2 を減らそうとしているの？

電気・CO_2 フリー燃料で CO_2 を減らす

CO_2 フリー燃料の場合

水素は
飛行機を飛ばすのに
向いているの?
燃料が水素だと、
燃料タンクが大きくなるから、
見慣れた飛行機とは
違う形になるかもね
トウモロコシや微細藻類などの
CO_2を出さない燃料
SAFなどのCO_2フリー燃料

飛行機が飛んでいるときにもカーボンニュートラルにするには、いくつかの方法がありますが、実用化には課題があります。

1つは、燃料を CO_2フリーにすること、たとえば、微細藻類などのバイオマスで作った燃料や水素が考えられます。

微細藻類などから作ったバイオマスの燃料は、SAFと呼ばれ、すでに実際の飛行機で使われはじめています。ただし、ジェット燃料の規格を満足する燃料にするには、お金がかかります。

また、水素は軽いのですが、容積あたりのエネルギー量が小さいのでかさばります。そのため、今までの飛行機とは形が変わるかもしれません。電気で飛ばすには、蓄電池が重いので、長距離は

104

カーボンニュートラルを実現しよう 5

電気の場合

飛行機の燃料は、翼のタンクにいっぱい入っている。蓄電池にすると、ずっと大きなスペースが必要
電気で飛行機を
飛ばせないのかな?
蓄電池に貯められるエネルギーは、ジェット燃料より小さい※ので、今の飛行距離をまかなえるだけの蓄電池を載せようとすると、翼にあるタンクの数十倍の大きさが必要なんだ。だから長く飛ばすのは難しいね

※蓄電池とジェット燃料を同じ重さで比べた場合、電池に貯められるエネルギーの量は、ジェット燃料の1／20より小さい

バイオマス燃料の場合

バイオマスの
燃料はどうやって
つくるの?
小さなプランクトン
から液体の燃料を
作るのさ

微細藻類から燃料が作れるの？

微細藻類とは、水中で育つ数μ mから数10μ mという小さな植物プランクトンで単細胞の生物です。光合成によりCO_2を吸収して糖類を作り、酸素を出します。糖類は燃料となるので、CO_2が出ないことになります。ただ、培養には広い池が必要になります。

難しそうです。

鉄道では、電気がカーボンニュートラルになれば、電気で動く電車などは CO_2を出さないことになります。ディーゼルで動く汽車では、CO_2フリー燃料を使うだけではなく、蓄電池を載せて、電車のように走ることも考えられています。そのため、これまで電化していなかった区間でも、電車がそのまま走ることができるようになるかもしれません。

船は、燃料をアンモニアに替えたり、近距離の場合は、電気で動かすこともできます。

105

解説文

各ページのコラム

この本によく出てくる化学物質とキーワード

よく出てくる化学物質

この本によく出てくる化学物質のことを知っておきましょう。カーボンニュートラルがどんなことかを知るときに役立ちます。

CO_2

主人公は

二酸化炭素（CO_2）

多くの燃料に入っている炭素（C）は、燃えて酸素（O）と一緒になると安定したCO_2になるのです。それが二酸化炭素です。

O_2

CO_2と仲がいいのは

酸素（O_2）

燃料を燃やしたり、動物が生きていくために欠かせないエネルギーを作るのに使います。炭素（C）と一緒になることでCO_2ができます。酸素が1つだけ付いたものが一酸化炭素（CO）で、毒性があります。

H_2O

なんてったって

水（H_2O）

水は水素（H_2）と酸素（O）が結びついたものです。エネルギーを加えてばらばらにすれば水素（H_2）を作れます。

H_2

名脇役は

水素（H_2）

水素は、原子Hだけでは不安定なので、いつもは2つの原子Hが結びついた分子H_2でいます。CO_2を出さない燃料であるだけではなく、CO_2と結びついて違うモノになります。

CO

酸素不足の怖い存在

一酸化炭素（CO）

炭素（C）に1つだけ酸素（O）が付いたモノが一酸化炭素（CO）です。燃料を燃やすときに酸素（O_2）が少ないと、CO_2にならずにCOになってしまうことがあります。猛毒なので注意しましょう。

CH_4

役に立つのは

メタン（CH_4）

メタンは都市ガスのおもな成分で、燃料となります。天然ガスとして地下から取り出します。CO_2とH_2から作ることもできます。

NH_3

CO_2を出さない

アンモニア（NH_3）

アンモニアは、窒素（N）と水素（H）からできています。肥料として多く使われていますが、CO_2を出さない燃料として注目されています。少しの量でも強い臭いがします。

よく出てくるキーワード

他にも次のような言葉が、この本ではよく出てきます。
この本の中でも詳しく説明していますが、はじめに知っておきましょう。

温室効果ガス（GHG）

地球が温暖化している原因になっているガスを温室効果ガス（GHG：Green House Gas）と言います。温室効果ガス（GHG）には、二酸化炭素（CO_2）の他に6種類のガスが指定されています。カーボンニュートラルは、このGHG排出量を実質ゼロにすることです。
この本では、地球温暖化への影響から見て、日本のGHG排出量のおおよそ9割を占めるCO_2の排出を実質ゼロにする状態を「カーボンニュートラル」として解説します。

エネルギー

物を動かしたり、熱を出したり、光を出したりする力のことです。ここでは、電気や石炭、石油、天然ガス、それを加工したガソリン、都市ガス、水素などの燃料に使われています。

化石燃料

大昔に生きていた動物や植物が長い年月をかけて燃料となったもの。石炭、石油、天然ガスなどのことです。

再生可能エネルギー（再エネ）

使う以上に自然界で生み出されるエネルギーのことです。代表的なものとして太陽光、風力、水力、バイオマスなどがあります。再エネをエネルギーとして使うときに、化石燃料のように二酸化炭素（CO_2）などの温室効果ガスが出ないことで注目されています。ただし、バイオマスは、大気中のCO_2を吸収して成長し、燃やすとその分のCO_2が出るので、全体としてCO_2が出ないと考えています。

ご注意：必ずお読みください

●本書記載の内容は、2023年3月15日現在の情報です。そのため、ご購入時には変更されている場合もあります。

●本書に記載された内容は、情報の提供のみを目的としています。本書の運用については、必ずお客様自身の責任と判断によって行ってください。これらの情報の運用の結果について、技術評論社および著者はいかなる責任も負いかねます。

●本書の全部または一部について、小社の許諾を得ずに複製することを禁止しております。

以上の注意事項をご承諾いただいた上で、本書をご利用願います。これらの注意事項をお読みいただかずに、お問い合わせいただいても、技術評論社および著者は対処しかねます。あらかじめ、ご承知おきください。

0章（序章）

地球温暖化が進んでいる

01 温室効果ガスってなんだろう？

気温上昇の原因になっている

温室効果ガスのバランスがよい場合

太陽からのエネルギー

宇宙に逃げる赤外線

地球に戻る赤外線

地球は太陽で温められるから、どんどん温度が上がるの？

フッ素化合物ってどんなもの？

温暖化ガスである4つのフッ素化合物は、ハイドロフルオロカーボン類（HFCs）、パーフルオロカーボン類（PFCs）、六フッ化硫黄（SF_6）、三フッ化窒素（NF_3）です。代表的なフロンは、オゾン層を破壊する要因として知っている人も多いのではないでしょうか。冷蔵庫やエアコンなどに使われていましたが、CO_2と同じように温室効果ガスとして規制されるようになりました。

気温上昇の原因になるガスは、温室効果ガス（GHG）と呼ばれます。二酸化炭素（CO_2）がもっとも気温上昇に影響していますが、メタン（CH_4）、一酸化二窒素（N_2O）、4種類のフッ素化合物もGHGです。気温上昇に与える影響は、日本ではGHGの90％以上、世界では約80％がCO_2です。

これら大気にあるGHGは、太陽からの光を受けて地球から放射される赤外線のエネルギーを吸収し、再放射する性質があります。

温室効果ガスには他にどんなものがあるの？

温室効果ガス（GHG）は CO_2 だけではありません。

温室効果の点からみると、身近なガスである、都市ガスのおもな成分であるメタンは、CO_2 の 25倍の影響があるといわれています。メタン1トンが、CO_2 では 25トン分に相当します。このようにガスの種類で、温暖化におよぼす影響が異なります。

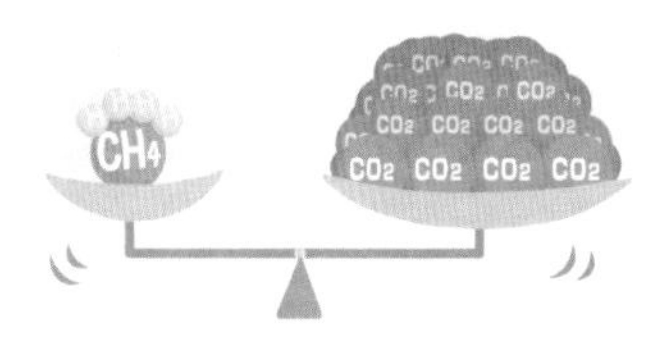

CH4
CO2 CO2 CO2 CO2

温室効果ガスが増えた場合

温室効果ガスは赤外線が宇宙に逃げないようにしているから、まるで温室みたいだね
地球の周りにある温室効果ガスが増えると、地球から放射される赤外線が宇宙に逃げる量が減るため、地球が温まる
太陽からのエネルギー
温室効果ガス
宇宙に逃げる赤外線
地球に戻る赤外線
地球に届く太陽からのエネルギーの一部は、宇宙へ逃げるから、
地球上は人が住むのに丁度よい温度になるんだよ

その結果、GHG が増えると、宇宙に逃げる赤外線が減り、地球の温度が上がるのです。温室のように、外に逃げる熱をためてしまうガスということで、温室効果ガスと呼ばれています。

2021年にノーベル物理学賞を受賞された眞鍋淑郎博士は、50年以上前に、CO_2 が増えると地球温暖化が進むことを明らかにしたのです。

02

温室効果ガスはなぜ増えているの？

木に替わって化石燃料を使うようになった

化石燃料を使う量が増えて、それとともに、CO_2排出量も増えているんだね

使い方

産業革命を代表する蒸気機関は、イギリスで1776年にジェームズ・ワットにより発明された。そのあと、急速に石炭を使うようになった。1829年にできた蒸気機関車、ロケット号が有名

石器時代

18世紀後半 産業革命

燃料

木

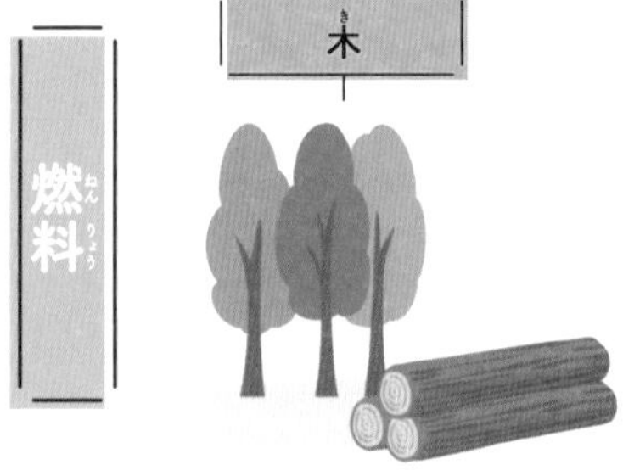

昔は、木を切って燃やしていた

石炭

石炭は、植物が数千万年から数億年前に池などの底に貯まって変化してできたもの

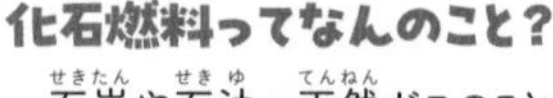

化石燃料ってなんのこと？

石炭や石油、天然ガスのことを化石燃料といいます。数千万年から数億年前に動物や植物が堆積し、長い年月をかけて変化してできたものです。三葉虫やアンモナイトのような化石とは見かけが違いますが、堆積した動植物からできていることは同じなので、このように呼ばれています。

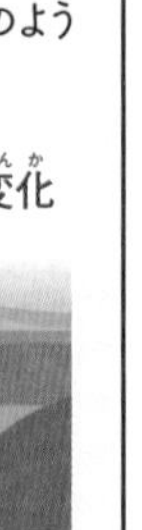
石油に変化
天然ガスに変化
石炭に変化

石器時代のころから、人間は生活するためにエネルギーを必要としていました。人類は、古代から木材を燃やして熱（エネルギー）を使ってきました。木を切りすぎてはげ山になったところもあります。また、物を動かす動力として、人の力だけではなく、馬や牛、さらには風力や水力を使うようになりました。

18世紀頃から石炭を使うようになり、18世紀後半になると、イギリスでは蒸気を使って動力を作る蒸気機関が登場し、産業革命と呼ばれる時代になります。イギリスでは石炭が採れたので、燃料としてたくさん使うようになったのです。世界で石炭をたくさん使うようになってから、大気中の二酸化炭素（CO_2）の量が増えました。

19世紀になると、アメリカなどで石油が見つかり、そのころから、世界の平均気温もだんだんと上がってきました。

20世紀になると…

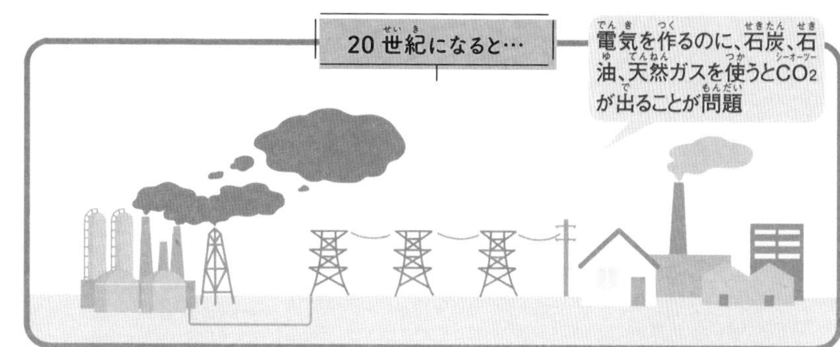
電気を作るのに、石炭、石油、天然ガスを使うとCO2が出ることが問題

1878年
電球の発明
ここから電気の時代(p.20参照)

アメリカではT型フォードが1908年に発売され、そのころから急速に石油の消費が増えた

19世紀　20世紀　21世紀・現在

石油

1920年代になると、中東に石油が大量にあることがわかった

石油は生物の死骸が海底や湖底に貯まり、長い年月をかけて化学変化が起きてできたもの

天然ガス

天然ガスは石油などが分解してガスになったもの

天然ガスは
日本では、1969年に
LNGとして輸入し、
都市ガスと発電に
使い始めたんだよ

20世紀になるとガソリンで動く自動車が実用化され、その便利さから急速に石油を使う量が増えてきました。その後、中東で大規模な油田が発見され、第二次世界大戦後に、エネルギーの中心が石炭から石油に変わり、まさに石油の時代になりました。

天然ガスは、アメリカやヨーロッパでは、第二次世界大戦前後からパイプラインによる輸送が始まりました。日本では、1969年にアラスカから液化天然ガス（LNG）にして専用の船で輸入し、都市ガスや発電に使うようになりました。

現在は、石炭、石油、天然ガスのすべてを使っていて、ますます大気中のCO_2濃度が高くなっています。

03 地球温暖化になると どんな影響があるの？

地球環境や国同士の争いなどさまざまな影響がある

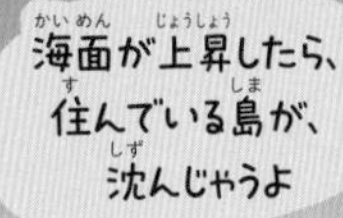
海面が上昇したら、
住んでいる島が、
沈んじゃうよ

台風の強大化

海水が温められて台風が強大化する

漁獲量の変化

海水が温まってしまうと、これまでそこに住んでいた魚が移動して、獲れなくなってしまう

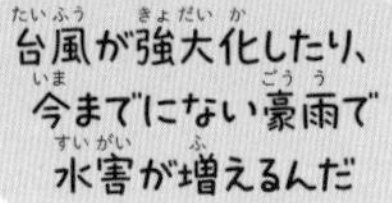
台風が強大化したり、
今までにない豪雨で
水害が増えるんだ

海面の上昇

地球が温暖化になると、北極や南極の氷が溶けて海面が上昇し、島が沈んでしまう

サンゴの白化

海水温の上昇、CO_2が多いなどの要因で、サンゴがストレスで健康に育たなくなる

農作物の不作

豪雨や干ばつによって、農作物が育たなくなる

地球温暖化の影響で、天気予報では「50年に一度の大雨」ということが増えたり、台風が日本の周辺に長期間とどまるようになったと考えられています。

気温がこのまま上がると、暑くなって熱中症が増えるだけではありません。海面の上昇や台風の強大化に加えて、洪水が増えたり、一方では水不足になったりするかもしれません。さらに、農業では農作物の生産が減少し、食料不足になるかもしれません。また、多くの生物種が絶滅したり、熱帯地方で起きている感染症が他の地方へ拡大するともいわれています。

干ばつによる水不足

長い間、雨が降らずに水不足になる

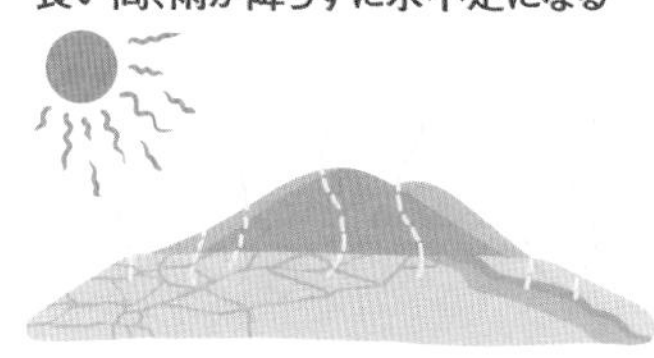

異常な高温による健康障害

最近は、夏の異常な暑さで熱中症になる人が増えている。最高気温はもっと上がり、熱中症だけではなく、感染症にかかる人がもっと増える

国同士の争い

食料や水、燃料、国土の取り合いから国同士の争いやテロが増えることが考えられる

景気の悪化

国同士の争いが起きると、経済が不安定になり、景気が悪くなる

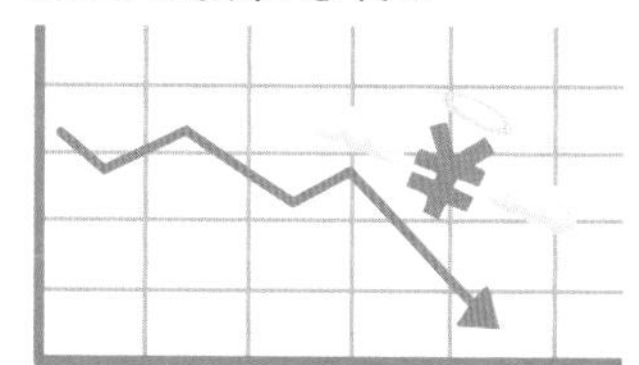

大雨による土砂災害・水害の増加

今までにない突然の大雨など、豪雨で水害が増える

動植物の生息域の変化

地球が暖かくなると、動植物の生息域が変わってしまったり、絶滅してしまう

地域によって、温暖化の影響の受け方は異なります。太平洋上の島国では、海面が上昇すると、国土の面積が大幅に減ることを恐れています。その結果、国同士の対立が生まれたり、難民が増えたり、世界の経済が深刻な影響を受けます。

温暖化が進むと、CO_2の排出を減らしても取り返しがつかない状態になり、それからあわてても、もう元に戻せないのです。どうすればCO_2を減らせるか、一緒に考えてみましょう。

コラム

電気の歴史

電気はどうやって作られるようになったの？

発電機とモーターの発明

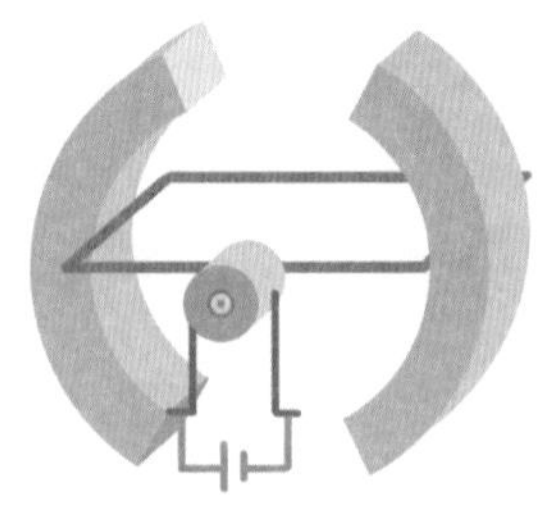

1873年、ウィーンの万国博覧会で、グラムが出品していた発電機の電線の接続を、助手が間違えたら、もう1つの発電機が回りはじめた。そのとき、発電機がモーターになることがわかった

蒸気タービンの発明

蒸気タービンとは、蒸気を羽根車に高速で吹き付けて回転させるもの。その回転する力で発電機を回して発電する。現在も、同じ原理で火力発電を行っている

電球の発明

エジソンは、電球を長く使えるようにした。発明したのは、スワンという人

電気がない生活なんて考えられなくなったよね

19世紀に、電気のシステムの核となる発電機、モーター、電球、蒸気タービンが発明されて、電気の時代になったんだよ

石炭、石油、天然ガスの多くは、電気を作るために使われてきました。ここでは電気の歴史を説明しましょう。

紀元前から静電気の存在は知られていました。静電気は、乾燥しているときに、何かに触れるとビリッとするヤツです。その後、電気が流れると磁気が生じることが知られ、それを応用してベルギーのゼノブ・グラムが1869年に発電機を、1873年にモーターを発明しました。

1878年にはイギリスのジョゼフ・スワンが世界ではじめて電球を発明しました。アメリカのトーマス・エジソンは、長く使える電球を作り、さらに、電灯会社を設立して、電気事業をはじめました。

今ある火力発電では、1884年にイギリスの技術者であるチャールズ・パーソンズが発明した蒸気タービンの方法が使われています。

電気が使えるようになったおかげで、これまで人の手でつくられていた製品などが、大量生産されるようになり、産業が一気に発展しました。さらに、石炭、石油に天然ガスを加えて、産業の発展とともに化石燃料を使う量が増え、CO_2を大量に出すようになったのです。

1章（しょう）

カーボンニュートラルをめざそう

カーボンニュートラルはどうして必要なの？

地球温暖化をふせぐために CO_2 を減らす

大気中での CO_2 のバランスが崩れている

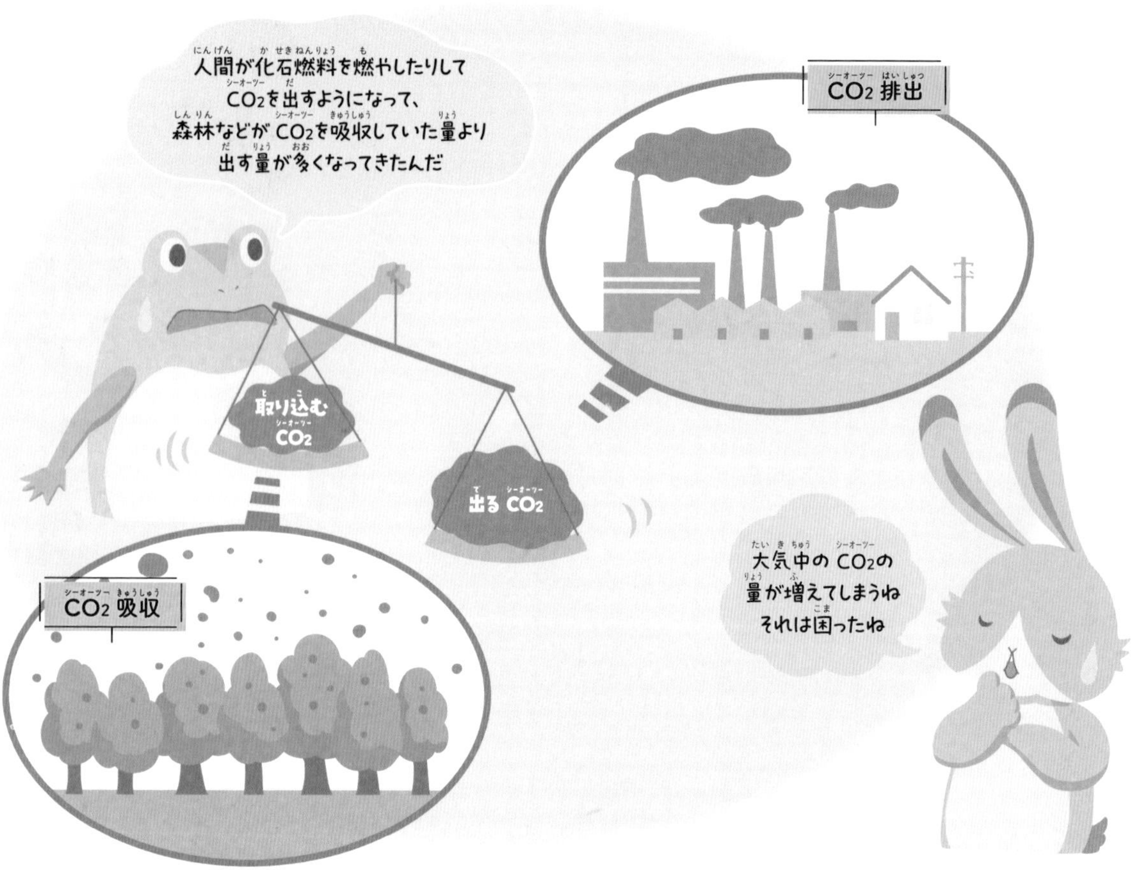

人間が化石燃料を燃やしたりして CO_2 を出すようになって、森林などが CO_2 を吸収していた量より出す量が多くなってきたんだ

CO_2 排出

取り込む CO_2

出る CO_2

CO_2 吸収

大気中の CO_2 の量が増えてしまうね それは困ったね

最近では、異常な高温の日が多く、また、集中した大雨も頻繁に降るようになりました。これらの現象から異常気象といわれています。

CO_2は地球上で循環しています。排出されたCO_2は大気中に広く散らばりますが、植物の光合成により固定化※されたり、海に吸収されます。CO_2を出す量と固定化や吸収される量がバランスを保っていると、大気中のCO_2の濃度は変わりません。しかし、化石燃料を大量に使うようになり、CO_2を出す量が多くなって、CO_2の濃度が高くなっ

※植物は水とCO_2を取り込んで、酸素を出します。そのCO_2を体内に取り込むことを炭素固定といいます。

CO_2のバランスをよくするには？

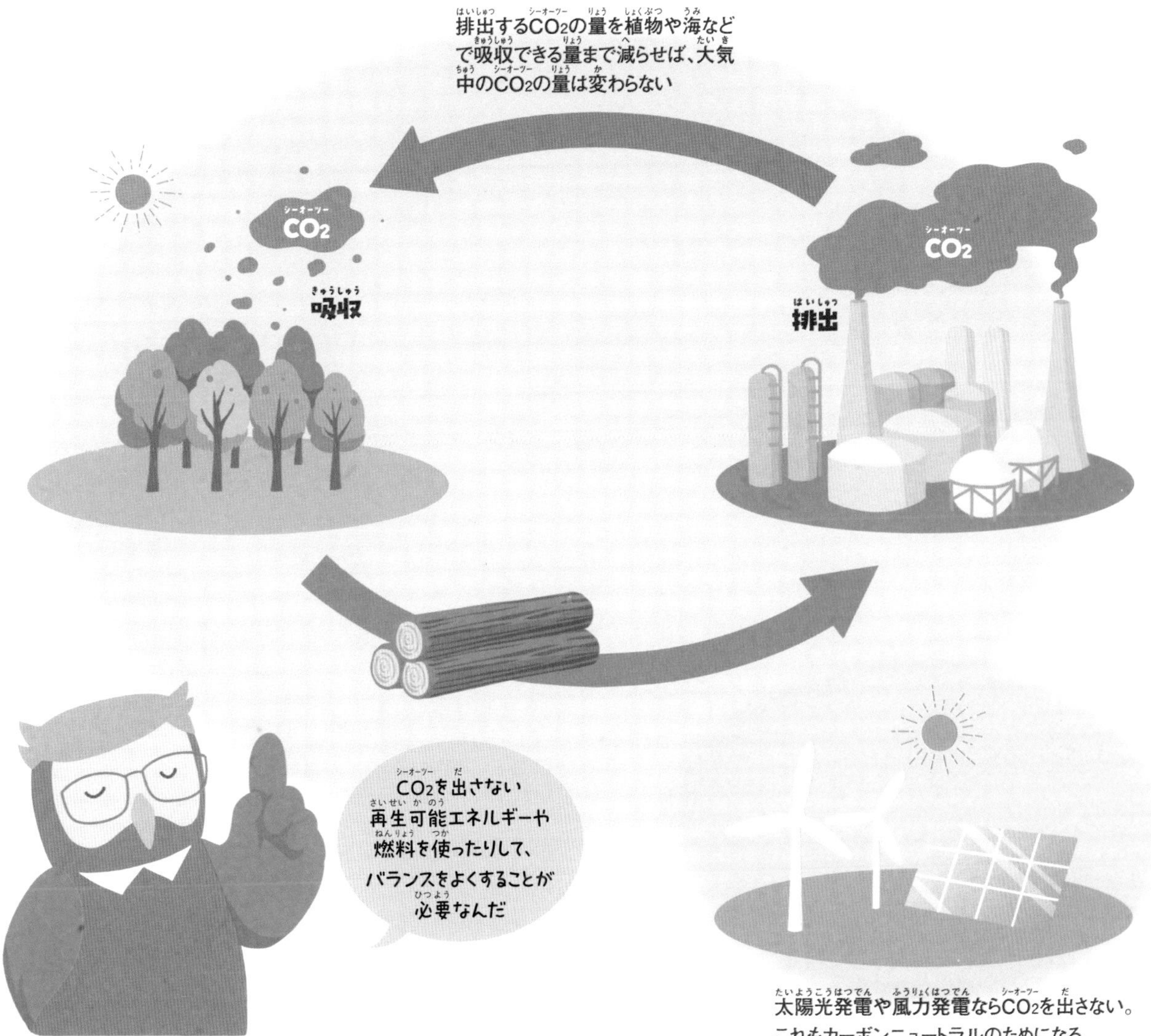
排出するCO_2の量を植物や海などで吸収できる量まで減らせば、大気中のCO_2の量は変わらない
CO_2
吸収
CO_2
排出
CO_2を出さない再生可能エネルギーや燃料を使ったりして、バランスをよくすることが必要なんだ

太陽光発電や風力発電ならCO_2を出さない。これもカーボンニュートラルのためになる

てきました。

化石燃料などを使う人間の活動の中で排出されるCO_2の量から、CO_2を地中に閉じ込めたり、木の成長や海で吸収される量を差し引いてゼロにするしくみをカーボンニュートラルと呼びます。

そうすることで、大気中のCO_2の濃度が上がらない、ひいては、これ以上の地球温暖化をふせぐことができるのです。

02 カーボンニュートラルを実現しやすいのはどんなところ？

再生可能エネルギーの資源が豊富なところ

風力発電
安定して風が吹いている陸地や海。また海岸が遠浅なところ
地熱発電
火山があるところ
水力発電
水が豊なところ
火山も、その熱をうまく使えるといいね
山が多いと水力発電に向いているのかな？

カーボンニュートラルを実現するには、再生可能エネルギー（再エネ）が重要です。

再エネにはいろいろあります。大平原が広がっていて、晴れの日が多く、太陽光が強いところは、太陽光発電に向いています。

風力発電は、平原のように風が1日を通して安定して吹いているところや、遠浅の海岸線のあるところが適しています。地熱発電は、火山がある場所が適しています。山や川が多く、水が豊かな場所では水力発電ができます。また、再エネ電力で

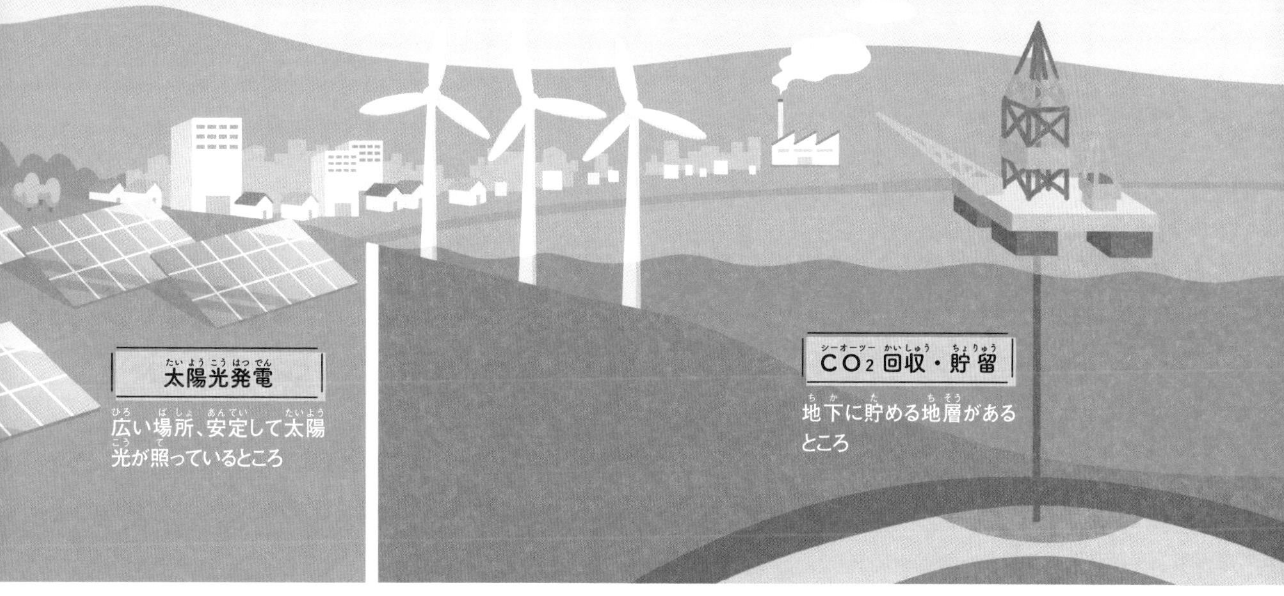
広々とした平原では、
風力発電や太陽光発電が
しやすそうだね
バイオマス発電
森林や田畑の近くだけではなく、木材の廃材や家畜の排せつ物、生ごみなどがある、私たちの生活に近いところ
太陽光発電
広い場所、安定して太陽光が照っているところ
CO2回収・貯留
地下に貯める地層があるところ

水素を作るときにも水が必要なので、同じように水の豊富な土地が適しています。

化石燃料を使っても、CO_2を回収して、そのCO_2を地中や海底などの地下に貯める場所が近くにあるといいですね。

地形や気候などの地理的な条件に合った方法を選ぶのがいいのです。

03 温室効果ガスはどこから出ているの？

私たちの暮らしから出ている

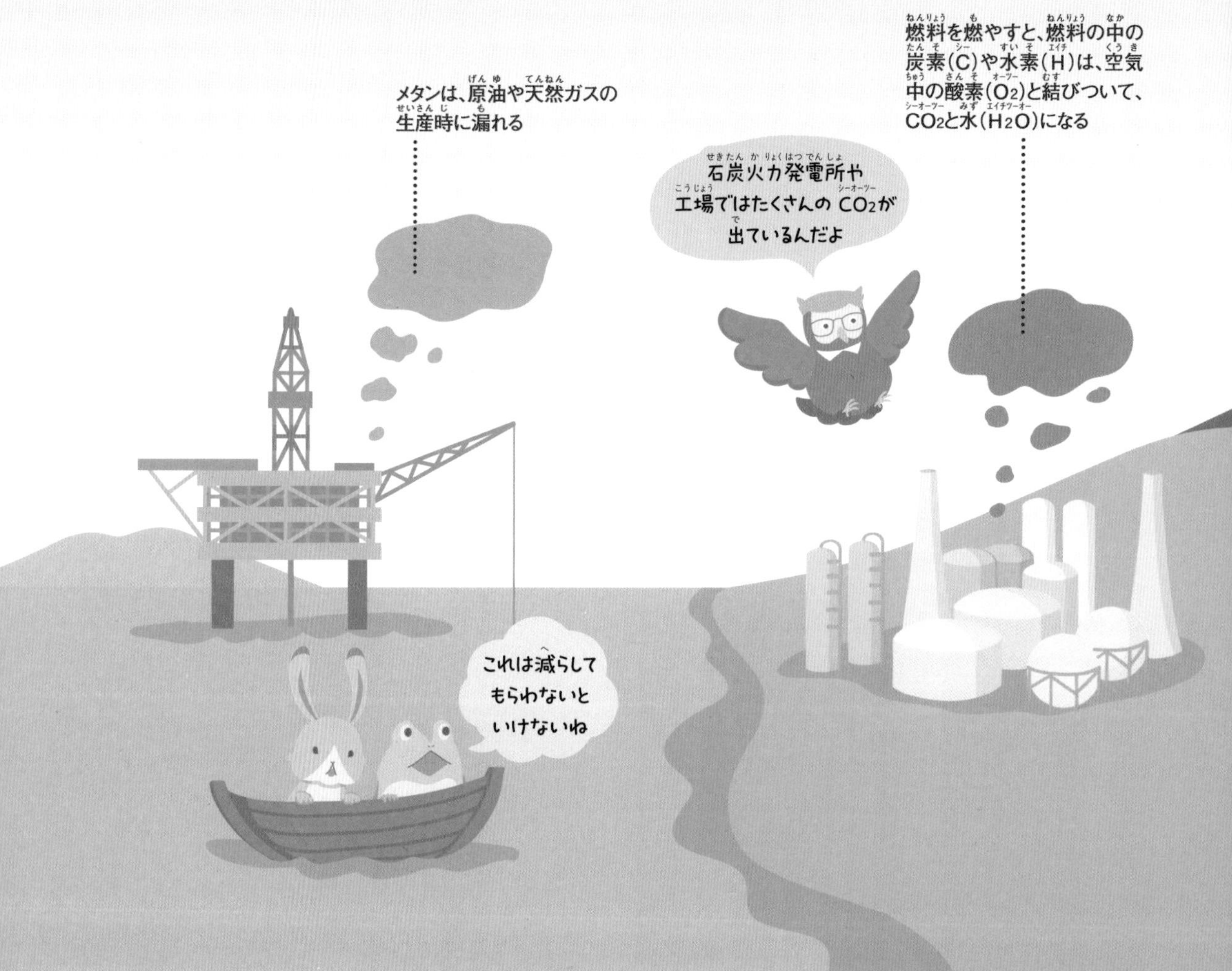
燃料を燃やすと、燃料の中の炭素（C）や水素（H）は、空気中の酸素（O_2）と結びついて、CO_2と水（H_2O）になる
メタンは、原油や天然ガスの生産時に漏れる
石炭火力発電所や工場ではたくさんのCO_2が出ているんだよ
これは減らしてもらわないといけないね

大気中のCO_2が増えているのは、おもに、人間の活動で大気に出るCO_2が増加しているからです。原油、石炭、天然ガスのような化石燃料は、水素（H）や炭素（C）、石炭ではさらに酸素（O）などの元素でできています。発電所やボイラーでは、これら燃料を空気で燃やします。このときに、空気中の酸素（O_2）が燃料中の炭素（C）と反応して、おもにCO_2になります。

自動車、船、飛行機のエンジンでも、ガソリンなどの燃料が燃えてCO_2が出てしまいます。電車では、電気をつくるときにCO_2が出ます。

製鉄所、石油・化学コンビナートのような産業だ

世界ではどれくらい CO_2 を出しているの？

世界では、毎年 370 億トンもの CO_2 を、人間の活動で出しています。2021年には、中国（115億トン）、アメリカ（50億トン）、インド（27億トン）、ロシア（18億トン）の順に多く、日本は、5 番目で全体の 3 ％ 、11億トン です。

1900年には、世界で 20億トン、1950年には、60億トンであったのに比べて、とても増えてしまいました。

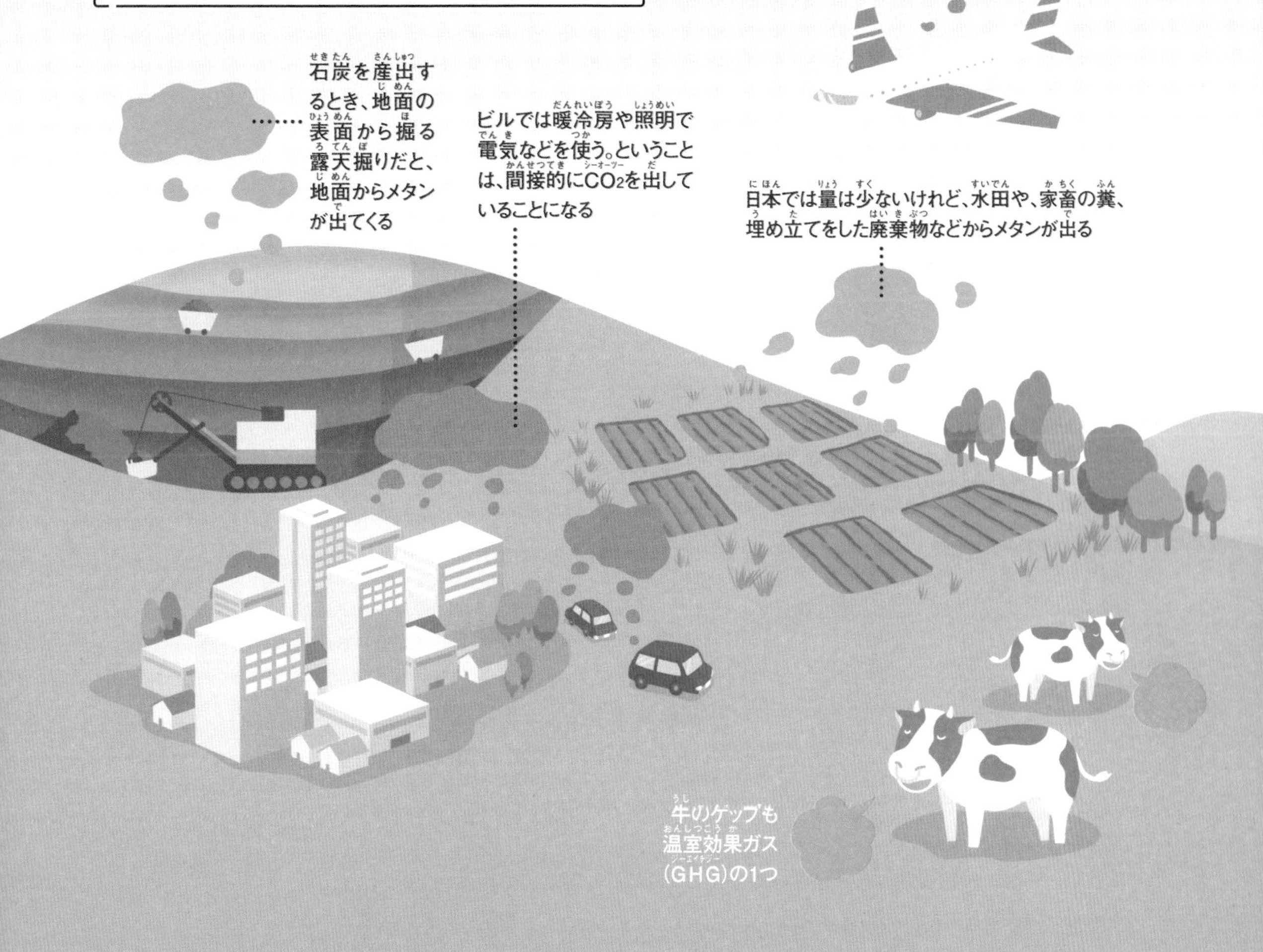
燃料を使う自動車、船や飛行機からもCO_2が大気に出ている
石炭を産出するとき、地面の表面から掘る露天掘りだと、地面からメタンが出てくる
ビルでは暖冷房や照明で電気などを使う。ということは、間接的にCO_2を出していることになる
日本では量は少ないけれど、水田や、家畜の糞、埋め立てをした廃棄物などからメタンが出る
牛のゲップも温室効果ガス（GHG）の1つ

けではなく、ビルや住宅からも CO_2は出ます。

人間が呼吸をすると、吐いた息の中にCO_2が入っています。食べ物は、CO_2から光合成でできた植物や、それをえさにした家畜なので、CO_2の排出としては計算に含まれません。

メタンは、世界では温室効果ガス（GHG）の中で 20 ％ 程度を占め、大気中の量も増えています。

世界では、おもに石油・天然ガス・石炭を生産するときに出ます。日本では、GHG の中では 2 ％ 程度と少なく、稲作や、埋め立てた廃棄物、家畜の糞尿、牛のげっぷからです。

エネルギーは輸入しているの？

ほとんどを海外から輸入している

エネルギーの輸入先

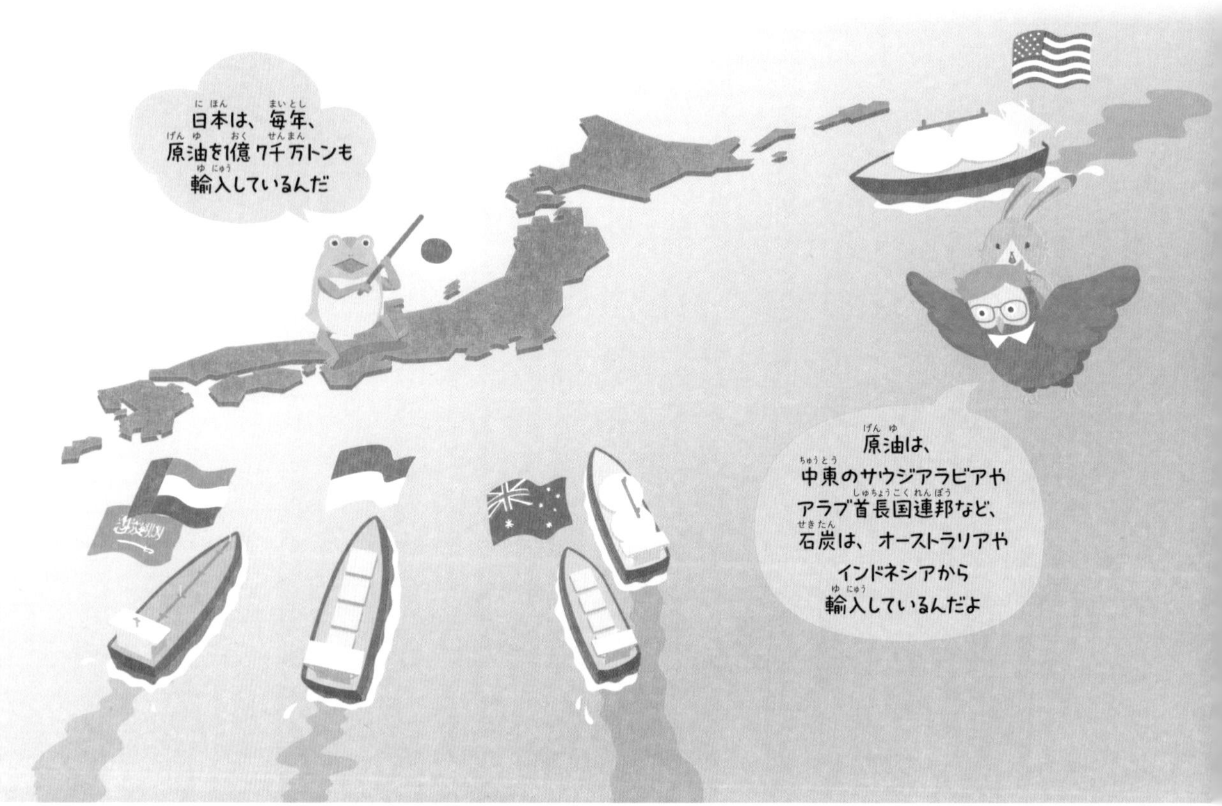

日本は、毎年、原油を1億7千万トンも輸入しているんだ
原油は、中東のサウジアラビアやアラブ首長国連邦など、石炭は、オーストラリアやインドネシアから輸入しているんだよ

石炭はどのように使われているの？

石炭は植物が堆積してからできあがるまでの条件によりいろいろな種類があります。火力発電所で燃やす一般炭と呼ぶ石炭と、製鉄所で使う、おもにコークスを作るのに使う原料炭に分かれています。

日本では、エネルギーのほとんどを、海外から輸入しています。原油がもっとも多く、年間で1億7千万トンです。石炭、天然ガスが続きます。

原油は、中東の国々から、1隻で30万トンも運べる長さが330ｍもある巨大なタンカーで輸入しています。輸入した原油は、日本の沿岸地域にある製油所でガソリン、軽油、ジェット燃料、重油や石油化学用原料など用途によって分けて、いろいろなところで使います。

また石炭は、以前は国内で生産していましたが、今はほとんどを輸入しています。オーストラリアから60％の量を、その次にはインドネシアから輸入しています。

天然ガスの輸入が増えているのは？

天然ガスはどれだけ輸入しているの？

日本が輸入しているエネルギーの内、20％が天然ガスです。天然ガスは、LNG として1年間に約7,200万トン（2022年）がオーストラリア、マレーシア、カタールなどから、日本の各地にある受け入れ基地に運ばれています。

天然ガスは、CO2を
出す量が少ないから、
石炭や石油よりもたくさん
使おうとしているんだ

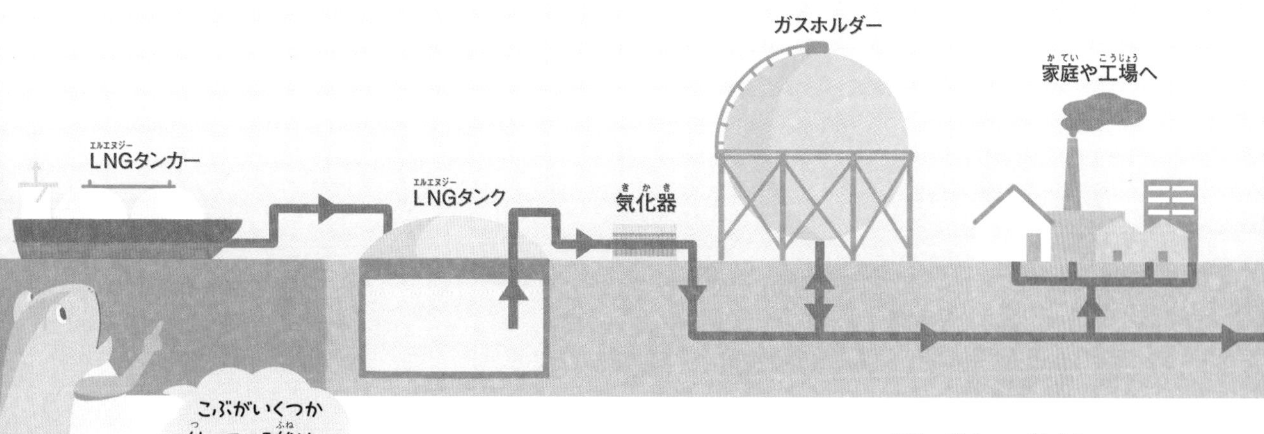
LNGタンカー
LNGタンク
気化器
ガスホルダー
家庭や工場へ

こぶがいくつか
付いている船は、
LNG を運ぶ
船だよね

天然ガスは CO_2 が少ないの？

天然ガスのおもな成分はメタン（CH_4）で、そのほかにエタンやプロパンなどが入っています。天然ガスは水素（H）が多く含まれるので、その分、燃やしたときに出る CO_2 は石油や石炭より少ないのです。

天然ガスは、炭素(C) が
1個に対して水素(H) が
4個ついているんだ
CH4
メタン

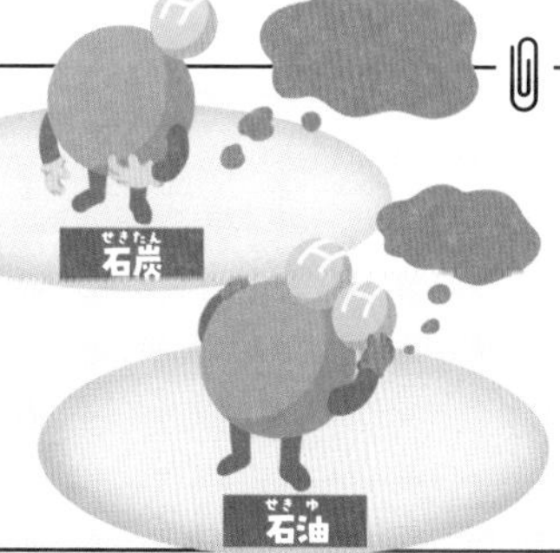
石炭や石油は、炭素(C) が
1個に対して水素(H) が1から
2個だから天然ガスより
水素(H) が少ないんだ
石炭
石油

天然ガスは、燃やしたときに、石炭や石油よりも CO_2 の発生量が少ないので、CO_2 を減らす点からも注目されています。天然ガスは、火力発電、都市ガスや工場の原料として使われています。都市ガスは、家庭でも使われていますね。

天然ガスを採ったあと不純物をのぞき、－162℃というとても低い温度で液体にして、専用の船で運んできます。この液体を液化天然ガス（LNG）と呼びます。一方、ヨーロッパやアメリカでは、気体のまま圧縮して、国内あるいは国を越えてパイプラインで運んでいます。

05

世界が争っているとエネルギーが使えなくなるの？

エネルギーを輸入できなくなってしまう

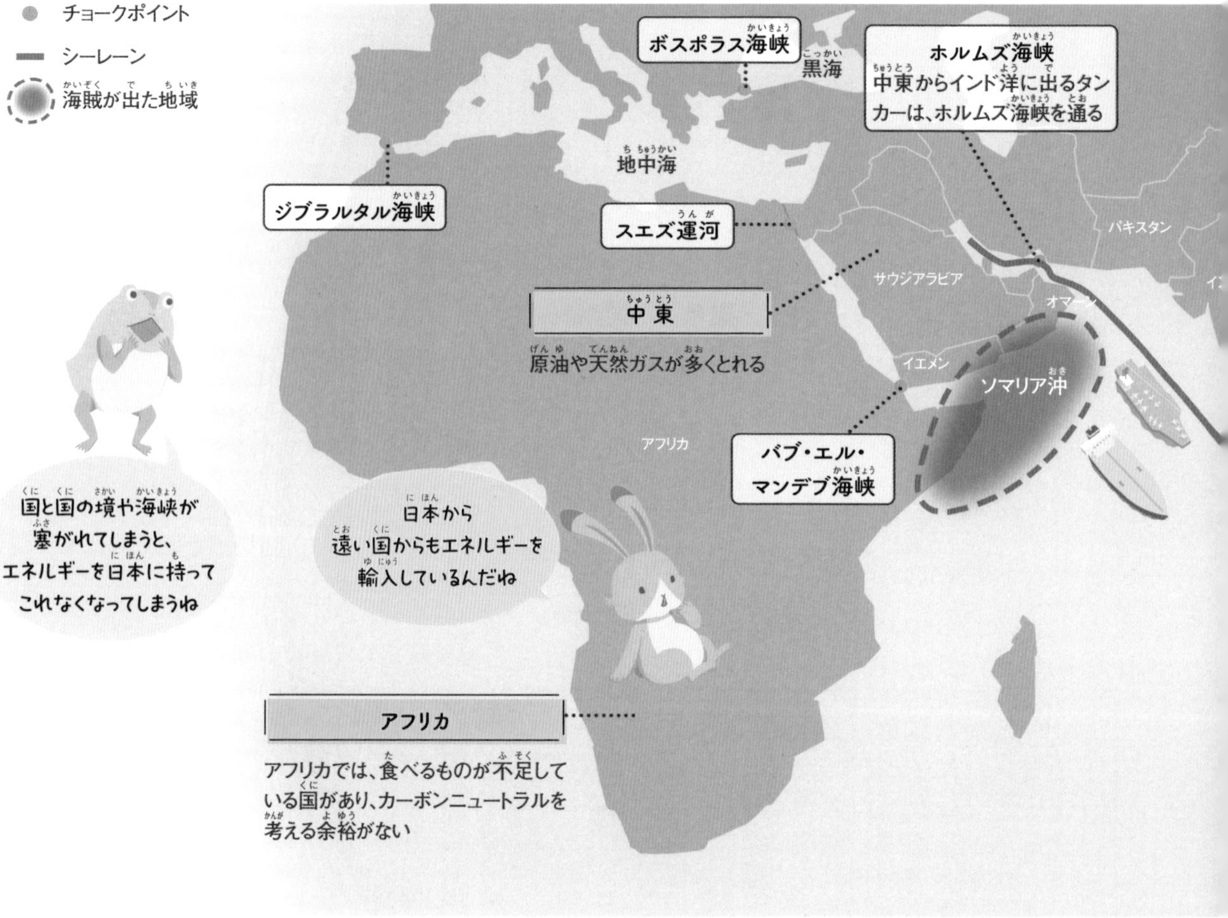

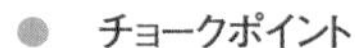
チョークポイント

シーレーン

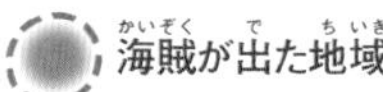
海賊が出た地域

ボスポラス海峡

黒海

ホルムズ海峡
中東からインド洋に出るタンカーは、ホルムズ海峡を通る

地中海

ジブラルタル海峡

スエズ運河

パキスタン

サウジアラビア

オマーン

中東

原油や天然ガスが多くとれる

イエメン

ソマリア沖

アフリカ

バブ・エル・マンデブ海峡

国と国の境や海峡が塞がれてしまうと、エネルギーを日本に持ってこれなくなってしまうね

日本から遠い国からもエネルギーを輸入しているんだね

アフリカ

アフリカでは、食べるものが不足している国があり、カーボンニュートラルを考える余裕がない

世界には196の国があります。島国もあり、大きな大陸の中にあったり、山が多くて平地が少なかったり、国によって地形が異なります。また、そこに住んでいる人たちも違うし、持っている文化も異なります。

地球温暖化は世界すべての国の問題です。それを解決するためには、世界が協力してカーボンニュートラルに取り組む必要があります。でも、現実には、そんな経済的な余裕はないとか、国の経済成長が先だとか、カーボンニュートラルへの取り組みが異なります。

2022年2月にロシアがウクライナに侵攻したよう

中国

中国は、南の海にある南沙諸島は自分の領土と主張して、埋め立てて軍の基地を造った。海峡だけではなく、中国が南シナ海の領有を主張していると、そこを通るのは危険

日本

日本は、中東から石油を、オーストラリアや中東から天然ガスを輸入している。これからは、再生可能エネルギーで作った燃料を輸入することも考えられている

マラッカ海峡

マラッカ海峡は、マレーシアとインドネシアに挟まれたところ。中東からのタンカーの通り道

台湾海峡

バシー海峡

台湾とフィリピンの間はバシー海峡

中華人民共和国
日本
ミャンマー
タイ
カンボジア
南シナ海
マレーシア
インドネシア
シンガポール
パプア
オーストラリア

スンダ海峡

ロンボク海峡

アジア

アジアの多くの国では、まだまだ石炭を使って発電をしなければ、電力が不足してしまう

オーストラリア

石炭や天然ガスが多くとれる

エネルギーはどんなルートで輸入しているの？

中東から日本に原油をタンカーで運ぶには、できるだけ近いルートを通ります。船で輸送するための大切なルートをシーレーンと呼びます。中東で石油を積んだタンカーがインド洋に出るときには、ホルムズ海峡という幅が40km以下の狭いところを通ったあと、日本に向かう近いルートとして、マレーシアとインドネシアに挟まれたマラッカ海峡を通ります。そこから北上すると、中国が支配しようとしている南シナ海の南沙諸島周辺を通ります。また、台湾とフィリピンの間にはバシー海峡があります。ホルムズ海峡やマラッカ海峡のような狭いところが、事故や争いなどで通れなくなってしまうと、石油の輸入ができなくなってしまいます。

このような、海路を塞がれると世界の経済に大きな影響があるようなところをチョークポイントと呼び、世界の国々で協力しあい守らなければならないところです。地中海と大西洋の間にあるジブラルタル海峡、黒海と地中海を結ぶボスポラス海峡など、世界には多くのチョークポイントがあります。地政学をもとにしたエネルギーの状況については、p.36で詳しく解説します。

争いがあると、
農作物やエネルギーが
不足したりして、
カーボンニュートラルの
達成が難しくなるんだ

に、世界各地では争いが絶えません。また、日本では、中国が南にある日本の島を中国のものと主張していて、トラブルのもとになっています。

そのような状況では、農産物やエネルギーを確保することが難しくなります。争いのない世界を作り、お互いに助け合って、カーボンニュートラルをめざすことが重要です。

この本では、日本がエネルギーを輸入している状況や、いろいろな国の事情について説明します。また、日本で再生可能エネルギー（再エネ）を作ったり、安全に再エネを輸入する方法を考えます。

世界ではCO₂を減らすためにどんなことを決めているの？

世界のみんなでしくみを作っている

お互いに助け合って、カーボンニュートラルを進めないと、みんなが困るんだ
ヨーロッパでは、2050年のカーボンニュートラルに向けて、みんな一生懸命がんばっているね
パリ協定の長期目標
平均気温の上昇を産業革命以前に比べて2℃より十分低く保ち、1.5℃に抑える努力をする
21世紀後半には、温室効果ガス排出と吸収量のバランスをとる（p.22）

ヨーロッパでは、欧州気候法で、GHG排出量を2030年には最低でも55％減らすと決めたよ
石炭火力はだんだん廃止していこう
COP

世界で協力してCO_2を減らそうと、「気候変動に関する国際連合枠組条約（UNFCCC）」を決めるために、1995年から気候変動枠組条約締約国会議（COP）が何回も開かれています。

1997年に京都で開催されたCOP3では、先進国全体で、先進国の温室効果ガス（GHG）の排出量を1990年に比べて５％減らすことを目標としました。この目標を定めたのが、「京都議定書」です。

また、国際的な研究組織である気候変動に関する政府間パネル（IPCC）は、温暖化に関する科学的なデータを集めて、気温上昇を2℃以下、できれば1.5℃以下にしなければいけないといってきました。

そこで、2015年にパリで開かれた第21回気候変動枠組条約締約国会議（COP21）で「パリ協定」が採択されました。採択された内容としては、平均気温が上がるのを、産業革命前と比べて2℃よ

CO_2が出るのを減らさないといけないことはわかったけれど、アフリカでは干ばつとかの災害が増えているよね?
CO_2を出す量を減らすだけではなく、今、起きている災害への対策も必要だね
2060年までにカーボンニュートラルを実現しよう
今ある火力発電所をゼロエミッション化しよう

りも低く保ち、1.5℃におさえる方法を各国で考えることを目標として、各国の目標を5年ごとに見直すことにしました。

世界では120カ国以上の国が、2050年にカーボンニュ トラルにすると宣言しています。もっともCO_2の排出量が多い中国は、2030年に排出量がピークに達し、2060年までに実質ゼロにするといっています。

気候変動サミットではどんなことを決めているの?

2021年4月に開かれた気候変動サミットでは、各国が2030年の温室効果ガス(GHG)の排出量を50%程度に減らす目標を表明しました。日本は、46%減らす目標を表明しています。

さらに、2021年の10月に開かれた第26回気候変動枠組条約締約国会議(COP26)では、1.5℃におさえることを目標に、石炭火力発電をだんだん使わないようにすること、メタンの出る量を減らすことなどを決めました。

2022年11月にエジプトのシャルム・エル・シェイクで開かれたCOP27では、GHGの排出を減らす「緩和」についてだけではなく、温暖化による被害に対して資金援助をするなど、いわゆる「適応」についても話し合われました。

「緩和」と「適応」ってどんなこと?

地球温暖化ガス(GHG)の排出を減らすことを「緩和」といいます。再生可能エネルギーを使ったり、省エネをすることが「緩和」にあたります(2章参照)。

一方、「適応」は、地球温暖化によりすでに起きている、あるいは起きるであろう状況に対して、リスクを減らす対策です。p.18で紹介した影響に対して、被害を減らす方法のことです。たとえば、熱中症に対しては事前の警告システムを整備するとか、温暖化でも育つ農作物を開発するとか、洪水が起きないようにダムや堤防を整備するなどです。

OFF
緩和
適応

07

SDGsでのカーボンニュートラルの役割は？

気候変動やエネルギー問題の解決に必要

「SDGs」（持続可能な開発目標）には、17の国際目標がある

1
貧困を
なくそう

2
飢餓を
ゼロに

3
すべての人に
健康と福祉を

7
エネルギーをみんなに
そしてクリーンに

8
働きがいも
経済成長も

9
産業と技術革新の
基盤をつくろう

13
気候変動に
具体的な対策を

14
海の豊かさを
守ろう

15
陸の豊かさも
守ろう

目標7　エネルギーをみんなに、そしてクリーンに

どこの国でも、みんながエネルギーを使えるようにする技術の開発や、支援を行おうという目標。さらに、再生可能エネルギーなどを使ってCO_2などの温室効果ガス（GHG）が出ないエネルギーを作る、使うことを目標にしている

世界の国々は、協力してカーボンニュートラルを進めていかなければ、CO_2の排出量の削減目標を達成できません。

SDGs（持続可能な開発目標）は、2016年から2030年の15年間で達成しなければならない17の国際目標のことで、国際連合が主導して決めました。

SDGsの中でもカーボンニュートラルは、気候変動やエネルギー問題の解決に必要とされています。

目標の7番目が「エネルギーをみんなに、そして

4 質の高い教育をみんなに

5 ジェンダー平等を実現しよう

6 安全な水とトイレを世界中に

10 人や国の不平等をなくそう

11 住み続けられるまちづくりを

12 つくる責任 つかう責任

16 平和と公正をすべての人に

17 パートナーシップで目標を達成しよう

出典：国連広報センター「持続可能な開発目標」

目標 9　産業と技術革新の基盤をつくろう

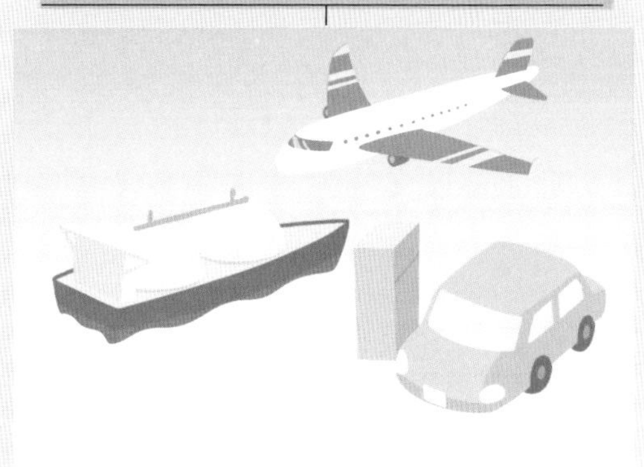

再生可能エネルギーなどのクリーンエネルギーの開発や、それを運ぶインフラ※を整えるための新しい技術が求められている

※インフラストラクチャーの略で、私たちの社会や生活を支えているもの（たとえば、道路、電気、公共施設など）。

目標 13　気候変動に具体的な対策を

温室効果ガス（GHG）が出る量をおさえるための取り組みやしくみを作ること。まさに、カーボンニュートラルを具体的に進めるための目標になっている

クリーンに」、13番目が「気候変動に具体的な対策を」となっています。そのほか、9番目の「産業と技術革新の基盤をつくろう」なども関係が深い目標です。

CO_2を出さない再エネや水素エネルギーなどのクリーンエネルギー技術を開発することで、気候変動対策やエネルギー、産業の基盤をつくる目標を達成することができます。

もとより、カーボンニュートラルを実現するための各国の政策が重要ですが、同時に、共通の目標をもって共同で研究開発を進めることが必要です。

コラム

地政学とエネルギー

地政学とエネルギーは密接に関係している？

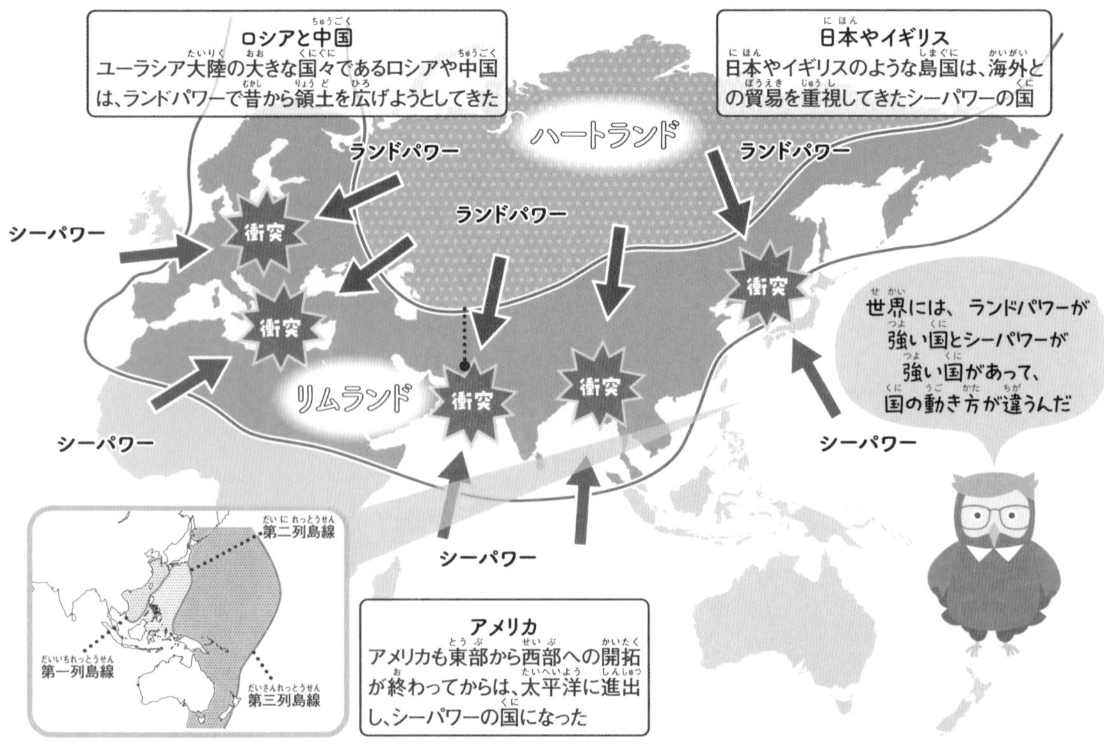
ロシアと中国
ユーラシア大陸の大きな国々であるロシアや中国は、ランドパワーで昔から領土を広げようとしてきた
日本やイギリス
日本やイギリスのような島国は、海外との貿易を重視してきたシーパワーの国
ハートランド
ランドパワー
ランドパワー
ランドパワー
シーパワー
衝突
衝突
衝突
衝突
衝突
リムランド
シーパワー
シーパワー
シーパワー
世界には、ランドパワーが強い国とシーパワーが強い国があって、国の動き方が違うんだ
第二列島線
第一列島線
第三列島線
アメリカ
アメリカも東部から西部への開拓が終わってからは、太平洋に進出し、シーパワーの国になった

地政学とは、地理的な条件が国の動きや国と国の関係にどのような影響を与えるかを考える学問で、現在の世界の状況をもとに分析しています。地理的という言葉には、地形だけではなく、その時の気候や技術、文化も入ります。

120年ほど前に、イギリスの地理学者、政治家であるサー・ハルフォード・ジョン・マッキンダー氏が、大陸の中心となる地域をハートランド、内陸の国をランドパワー（大陸勢力）、海洋国家をシーパワー（海洋勢力）と名付けました。その後、ランドパワーとシーパワーがぶつかるエリアをリムランドと呼ぶようになりました。

昔は、領土を広げる争いがしばしばおこりましたが、第二次世界大戦後は、できるだけ争わないようにしてきました。しかし、ロシアは、西の方への進出と黒海への進出を試みてきました。最近では、クリミア半島に続き、ウクライナを攻撃して、領土を広げようとしています。中国と日本の間でも国境の問題があります。日本の領土である尖閣諸島を中国は自分の領土と主張しています。

ロシアのウクライナ侵攻のように、世界が不安定になると、エネルギーの輸入ができなくなったり、カーボンニュートラルの実現が難しくなったりします。地政学もエネルギーと関係しているのです。

2章

再生可能エネルギーを使おう

01

再生可能エネルギーってなんだろう？

自然の力を利用して作ったエネルギー

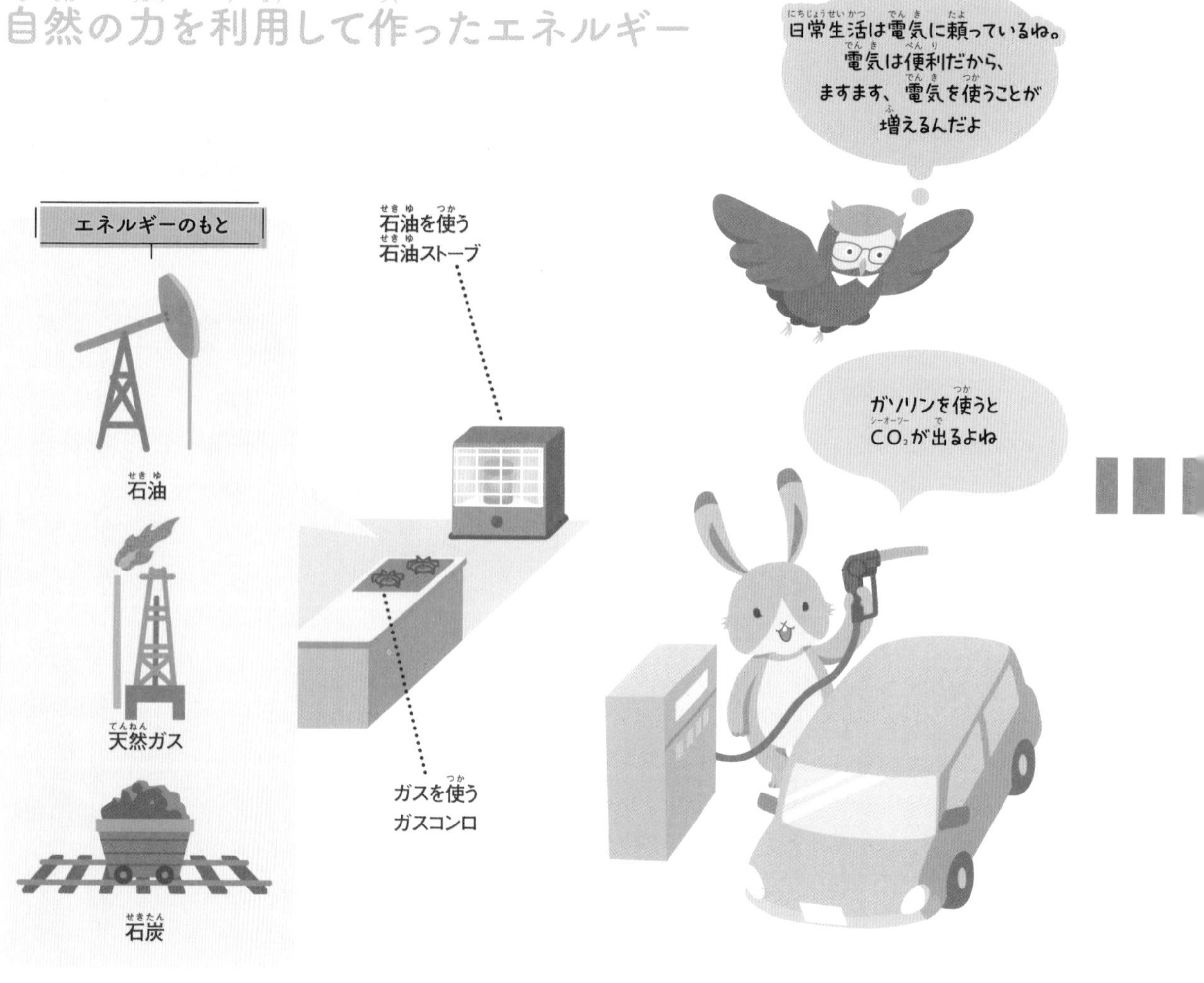

日常生活は電気に頼っているね。電気は便利だから、ますます、電気を使うことが増えるんだよ

エネルギーのもと

石油

天然ガス

石炭

石油を使う
石油ストーブ

ガスを使う
ガスコンロ

ガソリンを使うとCO_2が出るよね

CO_2を減らすには、エネルギーを使う量を少なくする省エネルギーや、CO_2を出さないエネルギーを使う方法があります。CO_2を出さないエネルギーの1つが再生可能エネルギー（再エネ）です。

再エネとは、再生ができるという言葉通り、自然界のエネルギーを利用するので、使ってもふたたび自然から供給される資源のことをいいます。日本では、太陽光、風力、水力、地熱、太陽熱、大気中などの自然界に存在する熱、バイオマスの7種類を指します。

再エネの多くは、電気で供給されています。日本で使っているエネルギーの内の約 30% が電気で、電気を使う家庭や企業が増えてきて、その割合が増えると考えられています。この割合が高いほうが、再エネを導入しやすくなります。

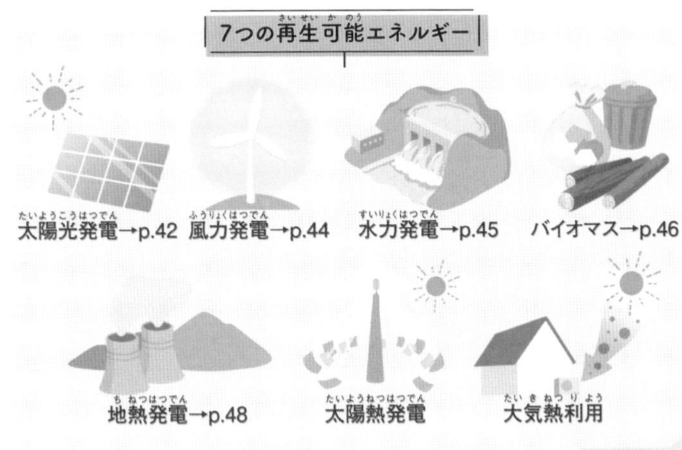
7つの再生可能エネルギー
太陽光発電→p.42
風力発電→p.44
水力発電→p.45
バイオマス→p.46
地熱発電→p.48
太陽熱発電
大気熱利用

再生可能エネルギーからどうやって電気を作っているの？

自然の力を使って電気を作るには、太陽光発電、風力発電、水力発電、バイオマス発電、地熱発電、さらに、海の潮の流れを利用した発電もあります。

バイオマスはトウモロコシなどの植物、食品廃棄物や家畜の排泄物などの生物を由来とした資源、森林からの木材などのことです。燃やして発電することも、燃料にすることもできます。

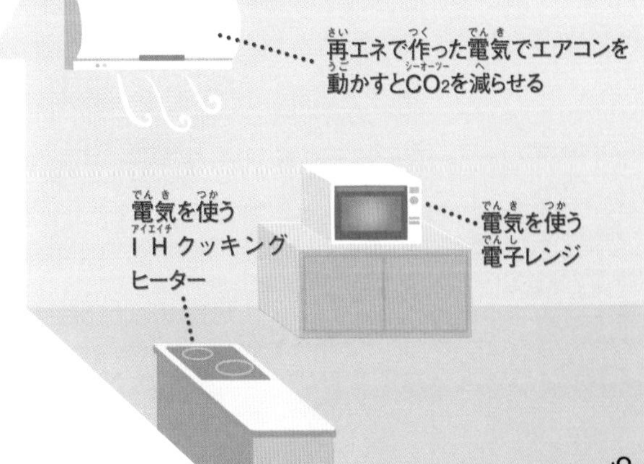
再エネで作った電気でエアコンを動かすとCO2を減らせる
電気を使う
IHクッキングヒーター
電気を使う
電子レンジ

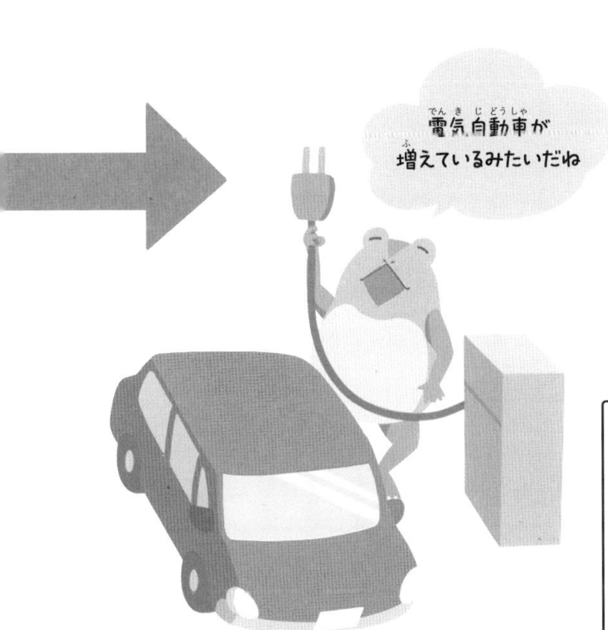
電気自動車が増えているみたいだね

電気以外で使えるクリーンなエネルギーはあるの!?

電気以外で使えるエネルギーには、熱や燃料があります。熱では、太陽熱を利用したり、工場から出る排熱や地下鉄や地下街の暖冷房の排熱などの使っていない熱を上手に使うのです。燃料では、再エネをガスや液体に変えて、CO_2が出ない燃料を作ります。水素もその1つです。

これからは再エネで作った電気にたよるようになるでしょう。住宅では暖房としてガスや石油を使っていましたが、今ではほとんどの家でエアコンを使っています。調理機器もガスコンロからＩＨクッキングヒーター（電磁調理器）に換える家も多くなってきました。自動車も電気自動車が増えてきて、普段の生活は電気で成り立っているといえます。電気のほうが使いやすいからですが、カーボンニュートラルを目指していくにも電気に変えていくほうが望ましいのです。工場やビルなどでも同じです。

しかし、太陽光発電や風力発電の多くは季節や天候に影響され、発電するエネルギーの量が変わる変動性再生可能エネルギーなので、使い方に工夫が必要です。

また、再エネを豊富に作れる場所とエネルギーを使う場所は同じではないので、発電した電気をうまく運ぶ必要があります。

02 電気はどうやって家まで届くの？

高い電圧で長距離を運ぶ

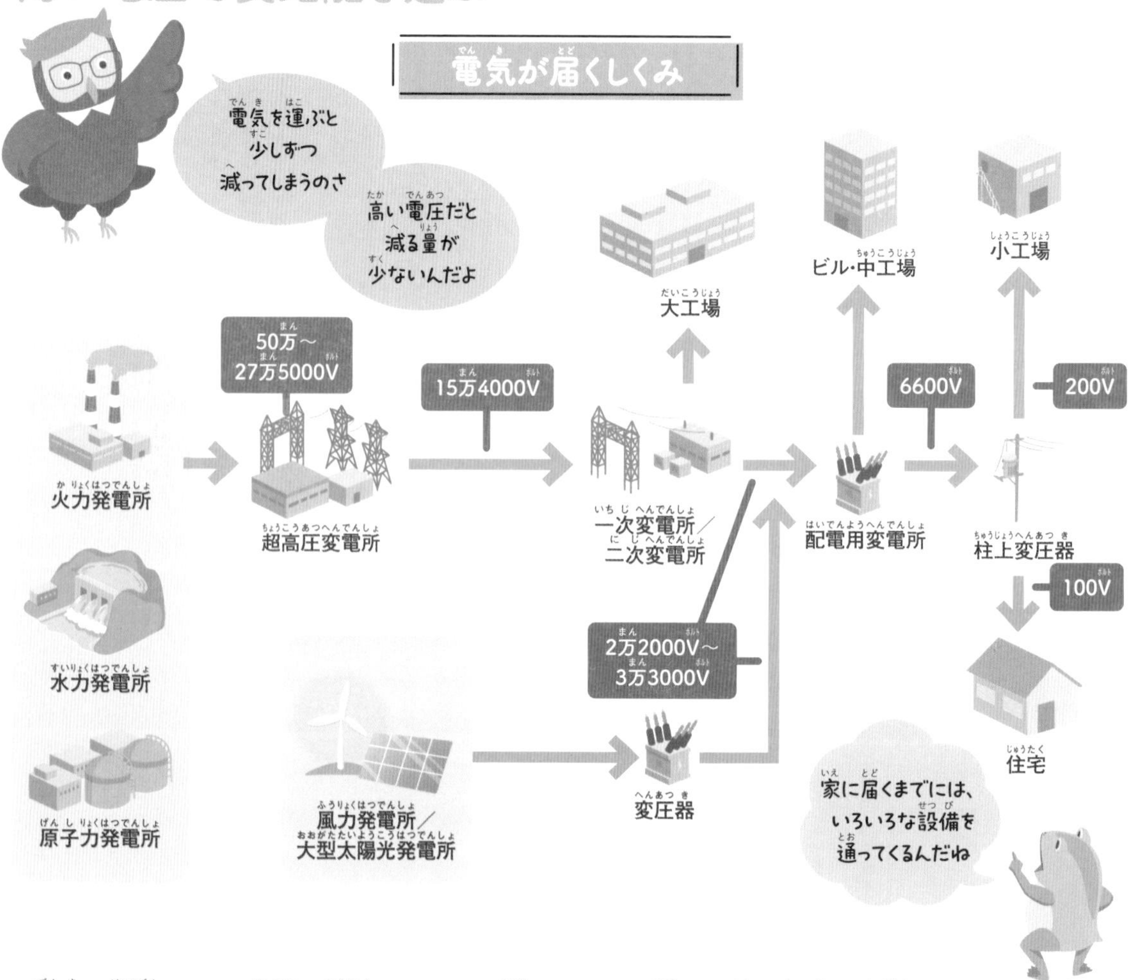

電気が届くしくみ
電気を運ぶと
少しずつ
減ってしまうのさ
高い電圧だと
減る量が
少ないんだよ
火力発電所
水力発電所
原子力発電所
50万～
27万5000V
超高圧変電所
15万4000V
一次変電所／
二次変電所
大工場
2万2000V～
3万3000V
風力発電所／
大型太陽光発電所
変圧器
配電用変電所
ビル・中工場
6600V
柱上変圧器
小工場
200V
100V
住宅
家に届くまでには、
いろいろな設備を
通ってくるんだね

電気は発電してから家庭や工場にどうやって届くのでしょうか？　日本では石油・石炭・液化天然ガス（LNG）を燃やして発電する火力発電、それに原子力発電、水力発電、ほかに再エネでの発電による電気が一般送電事業者（東京電力パワーグリッドなど）を経由して各家庭や工場に送られてきます。

まず、長距離を運ぶのに適している高圧の電気にして運び、使う地域の変電所でそれぞれ使いやすい電圧に調整します。

家庭や小さい工場、お店で使う電気は、電圧が100Vや200Vと一定であるだけではなく、周波数が一定になっていなければ、うまく使うことができません。また、電気は供給する量と使う量が同じでなければなりません。必要な量を供給できないと、まず、周波数が下がり、さらに不足すると、広い

周波数とは？

家庭で使う電気は交流といい、電気の流れる方向が1秒間に 50回、あるいは 60回変わります。この回数を周波数といい、Hz という単位で表します。日本では、東側は 50Hz、西側は 60Hz です。

日本の電力系統

風力発電は北海道が適している。北海道で発電した電気をその場所で使うだけではなく、大消費地である東京などの大都市にも運べるように考えている

再エネの発電には広い土地がいるから、大都市から離れているんだね

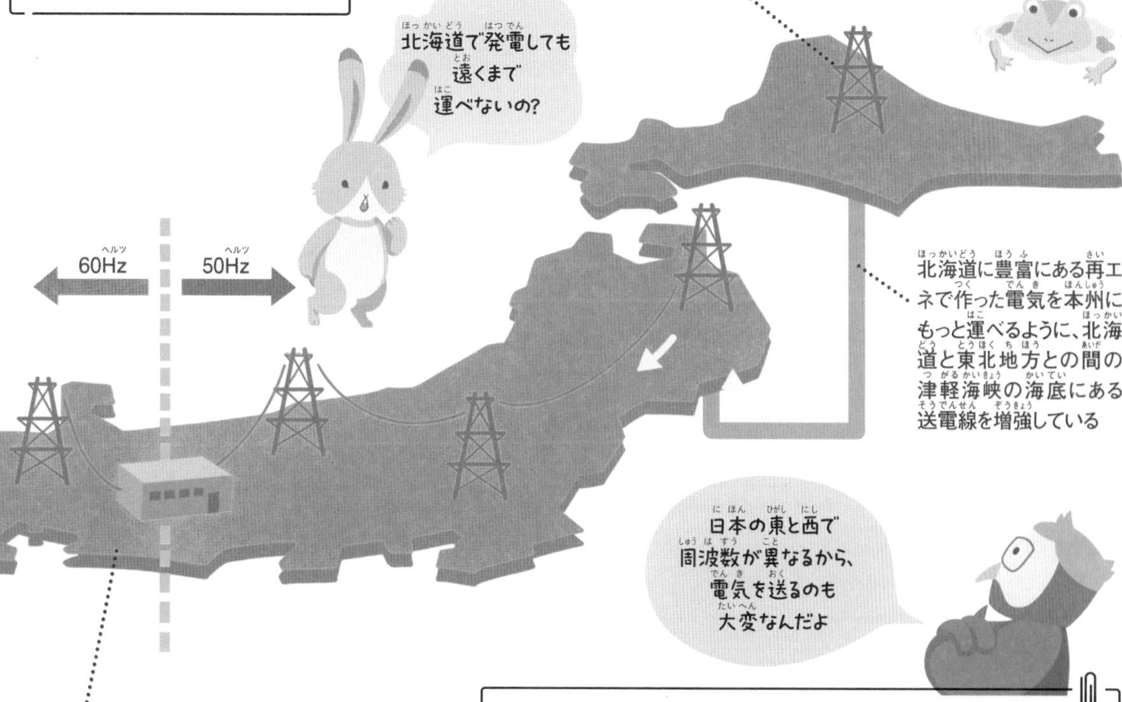
北海道で発電しても遠くまで運べないの？
60Hz
50Hz
北海道に豊富にある再エネで作った電気を本州にもっと運べるように、北海道と東北地方との間の津軽海峡の海底にある送電線を増強している
日本の東と西で周波数が異なるから、電気を送るのも大変なんだよ

地域間で電気を自由にやり取りできるように、50Hzと60Hzをまたがり、周波数を変換して送ることができる量を増やす工事をしている

電圧と周波数が重要

電気の電圧や周波数が変化すると、電化製品が正常に動かなくなったり、照明がちらついたりします。また、工場でモーターを使っていると、回転数が変わり生産に影響します。そのため、電圧と周波数は、ある一定の変化の幅に収めることが決められています。

地域で停電してしまいます。

太陽光発電などの変動性再生可能エネルギー（変動性再エネ）は、時間とともに変動しやすく、希望する量を発電できるわけではありません。また、地域により発電に適した量も異なります。そのため、広い地域で電圧や周波数を一定に保つように、発電しているところから電気が不足するところにうまく送れるようにしなければなりません。

日本は細長い地形なので、電力系統も縦長です。それに対してヨーロッパは網目状です。縦長では地域ごとに接している拠点が少なく、離れた地域と連携することが難しいのです。網目状だと、国ごとのさまざまな拠点がつながることで、電力をやり取りしやすくなります。

03 太陽光を使ってどうやって発電するの？

光が当たると太陽電池が発電する

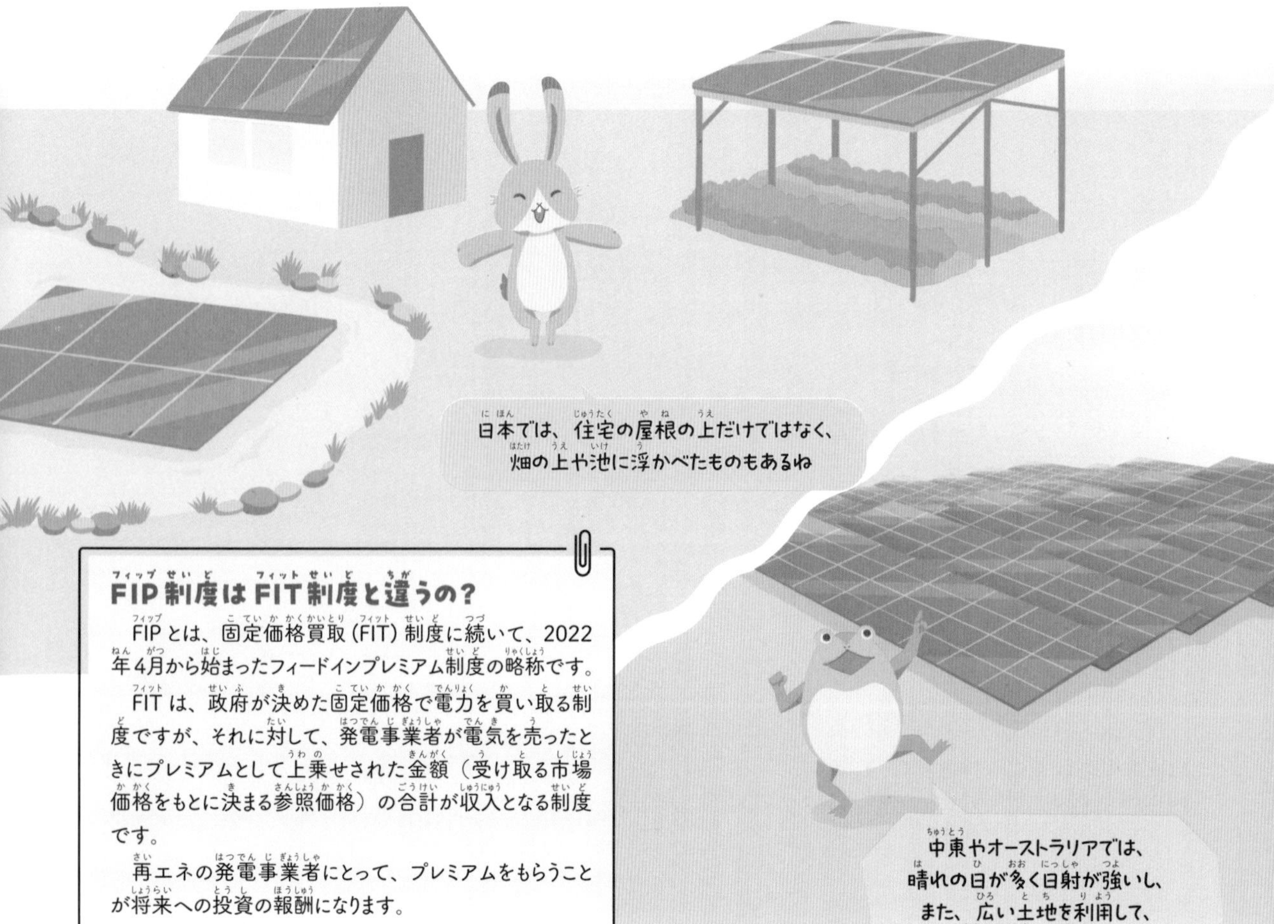

日本では、住宅の屋根の上だけではなく、畑の上や池に浮かべたものもあるね
中東やオーストラリアでは、晴れの日が多く日射が強いし、また、広い土地を利用して、安く電気を作れるよ

FIP制度はFIT制度と違うの？

FIPとは、固定価格買取（FIT）制度に続いて、2022年4月から始まったフィードインプレミアム制度の略称です。

FITは、政府が決めた固定価格で電力を買い取る制度ですが、それに対して、発電事業者が電気を売ったときにプレミアムとして上乗せされた金額（受け取る市場価格をもとに決まる参照価格）の合計が収入となる制度です。

再エネの発電事業者にとって、プレミアムをもらうことが将来への投資の報酬になります。

太陽光発電は、住宅の屋根の上だけではなく、ビルの屋上、野原や山間の土地でも目につくようになりました。

発電するために使われる太陽電池は、プラスとマイナスの電極の間にN型とP型のシリコンが挟まれていて、太陽光が当たると電気が流れるのです。このようなパネルをたくさん並べて発電します。太陽電池とはいいますが、乾電池のように電気を貯めることはできません。

このパネルを中国などで安く作れるようになったので、発電した電気も安くなりました。日本では、決められた金額で電気を電力会社が買い取る制度（FIT制度）があり、年々、買取価格が下がり、大型の設備では11円／kWhと火力発電で作ら

太陽光パネルで発電するしくみ

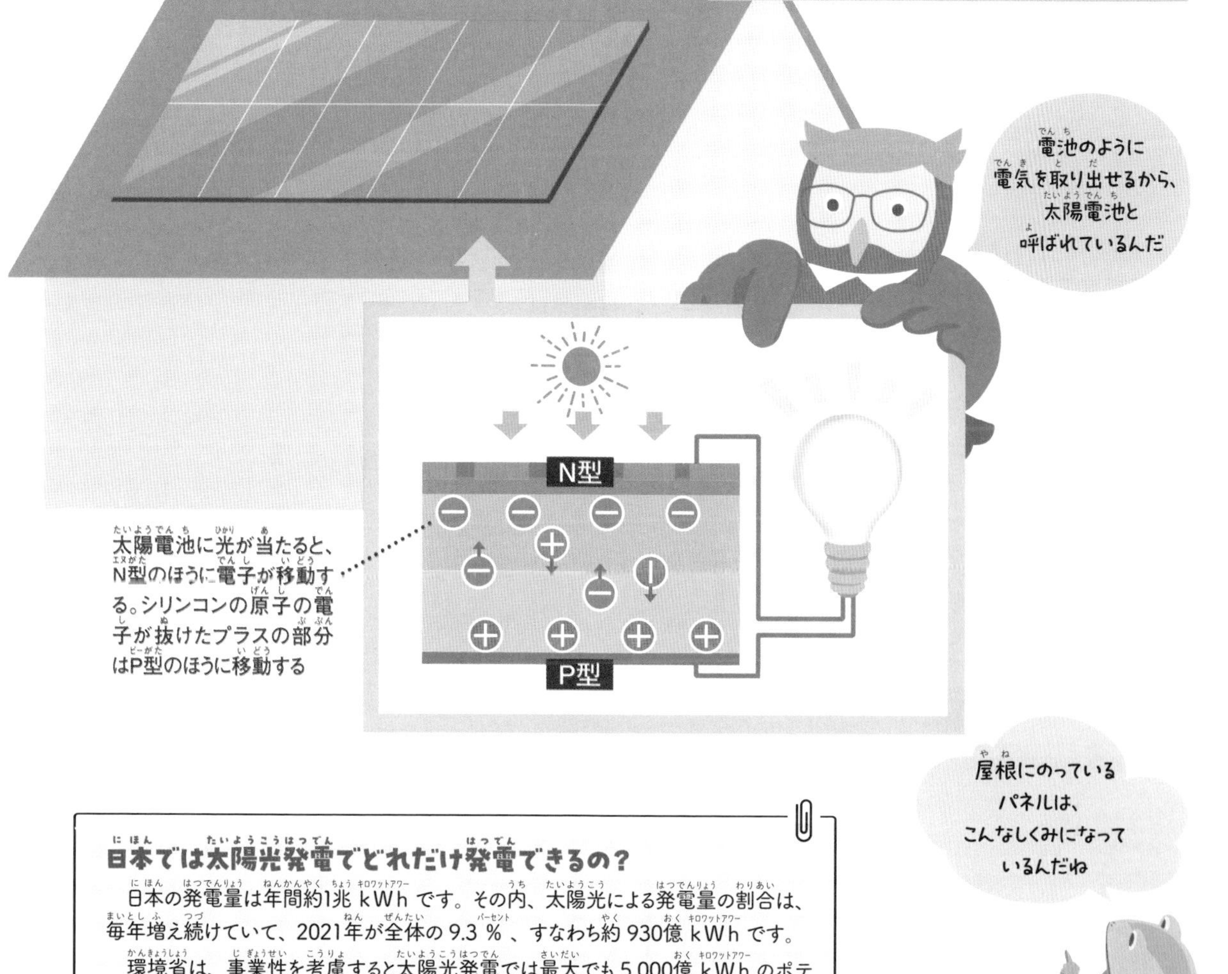

電池のように電気を取り出せるから、太陽電池と呼ばれているんだ

N型

P型

太陽電池に光が当たると、N型のほうに電子が移動する。シリンコンの原子の電子が抜けたプラスの部分はP型のほうに移動する

屋根にのっているパネルは、こんなしくみになっているんだね

日本では太陽光発電でどれだけ発電できるの？

日本の発電量は年間約1兆 kWh です。その内、太陽光による発電量の割合は、毎年増え続けていて、2021年が全体の 9.3 ％ 、すなわち約 930億 kWh です。

環境省は、事業性を考慮すると太陽光発電では最大でも 5,000億 kWh のポテンシャルであるといっています。まだまだ増やすことができそうですが、実際には、ポテンシャルすべての発電はできません。再生可能エネルギーを太陽光発電だけに頼るわけにもいかないですね。

れる電気と同程度の値段になってきました。これからは、FIPという新しい制度により、再エネの設備をあらたに造ろうとする人が増えることが期待されています。

日本では平地が限られているので、山の斜面や、畑の上、湖に浮かべたりして工夫しています。それに対して、中東やオーストラリアにある砂漠のような広大で平らな土地では、2円／kWh 以下という、日本の電気代に比べてはるかに安く発電ができます。

とはいえ、太陽光発電は、天気が良い昼間しか発電ができないので、雨の日や夕方から夜にかけては、蓄電池などに発電した電気を貯めておくなどの工夫が必要です。

04 風の力を使ってどうやって発電するの？

巨大な羽根を風の力で回転させて発電する

風力発電のしくみ

北海道のような開けている場所に
設置するのに向いているよ
でも、北海道から電力の消費が大きい
東京のような都市部に送電線で
電気を運ぶのは大変だね

発電機
増速機
風
ナセル
ブレード（羽根）
変圧器

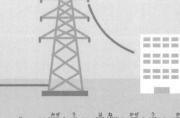

ブレード（風を受ける羽根）が風を受けて回転し、動力がナセル（増速機・ブレーキ装置・発電機が入っている）と呼ばれる部分に伝わって、変圧器で高い電圧の電力に変換される

風力発電装置は大きくなっているの？

最近では、羽根の直径が約200m、高さは250m以上の巨大な構造物になり、もっと大きなものも計画され、効率も良くなってきました。

巨大な羽根がある風力発電装置が林のように立っているのを車窓から見かけるようになりました。

風車といえばオランダが有名です。オランダの風車は、200年以上前に1万基以上が建設されました。本格的に発電に使われるようになったのは、1990年くらいからです。最近の風車は、もっと大きく、発電の効率が高いのです。

風力発電装置は、いつも同じように強い風が吹いているところ、たとえば山の上とか陸地に近い外海に建てるのがいいですね。

日本では、風力発電に適当な場所が限られているので、邪魔するものがない海の上で発電する洋上風力発電が期待されていますが、建設にお金がかかるのが難点です。

05 水力発電をもっと増やせないの？

小規模水力発電なら増やせる

水力発電のしくみ

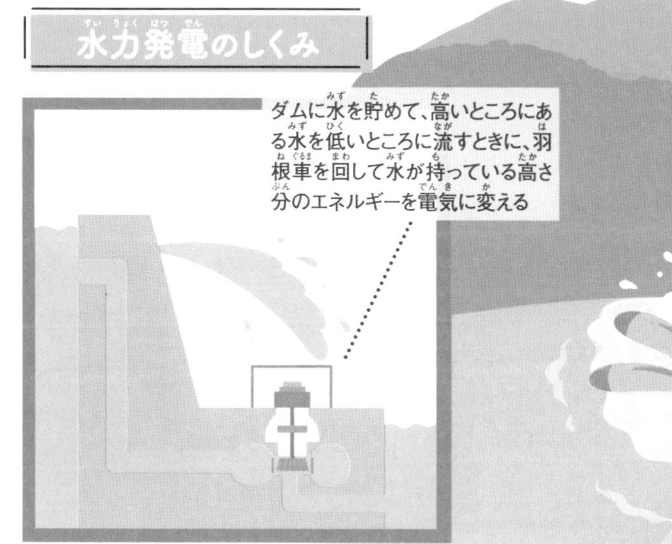
ダムに水を貯めて、高いところにある水を低いところに流すときに、羽根車を回して水が持っている高さ分のエネルギーを電気に変える

大きなダムを建設して、そこに大量の水を貯めて流す方式と、川の上流から水を引き込み、パイプを通して下流に水を流して発電する方式がある

ダムの水からどうやって電気を作っているの？

ダムに水を貯めて、ダムの下にある発電機で電気をおこすんだよ

マイクロ水力発電

すでにある用水の設備を使うので、建設にかかる費用が少なくてすむ

日本で一番大きい水力発電所はどこ？

日本でもっとも大きい水力発電所は、新潟県の奥只見にあり、56万 kW の電気を作ります。有名な富山県の黒部ダムは4番目で、33万 kW です。1つの大都市で使う電気の量にあたります。

日本では 1960年代より前は、水力発電が発電の主役でした。経済成長とともに、消費電力が大きく増えましたが、水力発電は急に増やすことができず、今では発電量の 8% に下がってしまいました。

水力発電は、高いところにある水を低いところに流すときのエネルギーを電気に変えます。観光地として有名な富山県の黒部ダムは、アーチ式の大きなダムで、たくさんの電気を作っています。最近では、大型のダムを造る場所が見当たらないので、農業用水、工業用水や小川で小規模に発電するマイクロ水力発電が注目されています。

06

バイオマスってどんなもの？

自然の有機物を原料にエネルギーを作る

バイオマスにはどんなものを使う？

木質系

農業残さ系

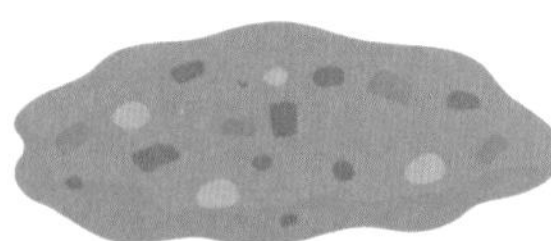
下水汚泥

バイオマスは、
太陽の光で育った植物を
エネルギーとして
使うときにいう
言葉だよ

食品廃棄物

家畜の排せつ物

培養した藻
（微細藻類）

バイオマスにはどんなものがあるの？

バイオマスはトウモロコシやサトウキビ、もみ殻などの植物、食品廃棄物や家畜の排せつ物などの生物を由来とした資源、森林からの木材などのことです。燃やして発電をすることもできるし、燃料にすることもできます。

微細藻類ってどんなもの？

微細藻類は、水中にいる単細胞の生物で植物プランクトンのことです。植物から作るバイオ燃料に比べて、生産効率がはるかに大きくなります。体内で油を作る微細藻類を使って、飛行機のジェット燃料を製造しようとしています。このような燃料を、持続可能な航空燃料（SAF）と呼んでいます。

バイオマスは、太陽の光とCO_2、水から光合成により作られた、植物となる有機物です。バイオマスを燃やすとCO_2が出ますが、バイオマスの炭素は、燃やしても大気中のCO_2を光合成で植物などに固定したものなので、大気中のCO_2を増やすことがない資源と考えられています。

バイオマスには、農作物、木材、水生植物（培養した藻）、作物残さ（残りかす）、動物の排せつ物、都市ゴミなどの廃棄物（プラスチックなどは除く）があります。

バイオマスをどんなエネルギーに変える？

バイオマスは
どうやってエネルギーに
するの？

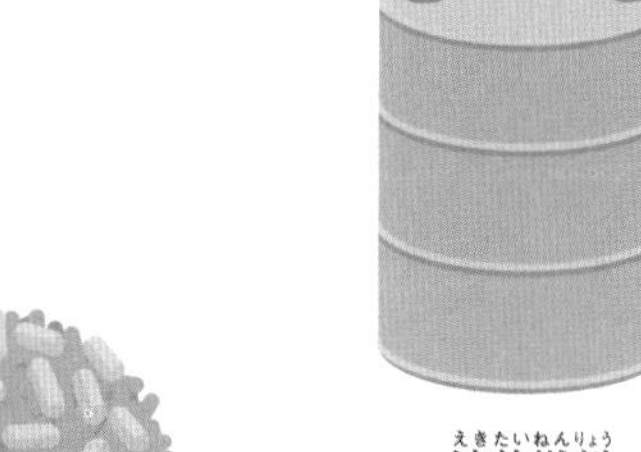

液体燃料
（油やアルコールなど）

固体燃料
（チップやペレットなど）

CH4
メタン（CH4）

気体燃料

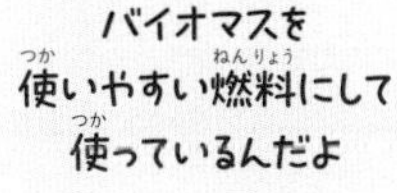

バイオマスを
使いやすい燃料にして
使っているんだよ

バイオマスでどんなものが作れるの？

バイオマスは燃やして熱を利用する、あるいは発電することはもとより、発酵によりアルコールを作ったり、油のような液体の燃料や化学品を作ることもできます。

バイオマスで作ったエネルギーをどう使う？

電気

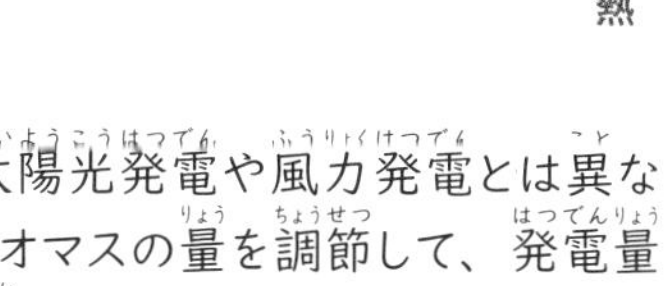

熱

輸送用燃料

バイオマスは、太陽光発電や風力発電とは異なり、原料となるバイオマスの量を調節して、発電量や燃料の生産量を変えることができます。

一方で、使うバイオマスを集めて、それを運ぶときに手間がかかります。たとえば、木材では、山林で木を伐採し、製材工場に運び、バイオマスとして使う部分を分け、それを発電所まで運ぶのです。また、運んだりするときにCO_2が出ますが、できるだけCO_2が出ないように工夫することが必要です。

07 地球の熱や海の波は電気になるの？

地熱・海洋を利用してエネルギーが作れる

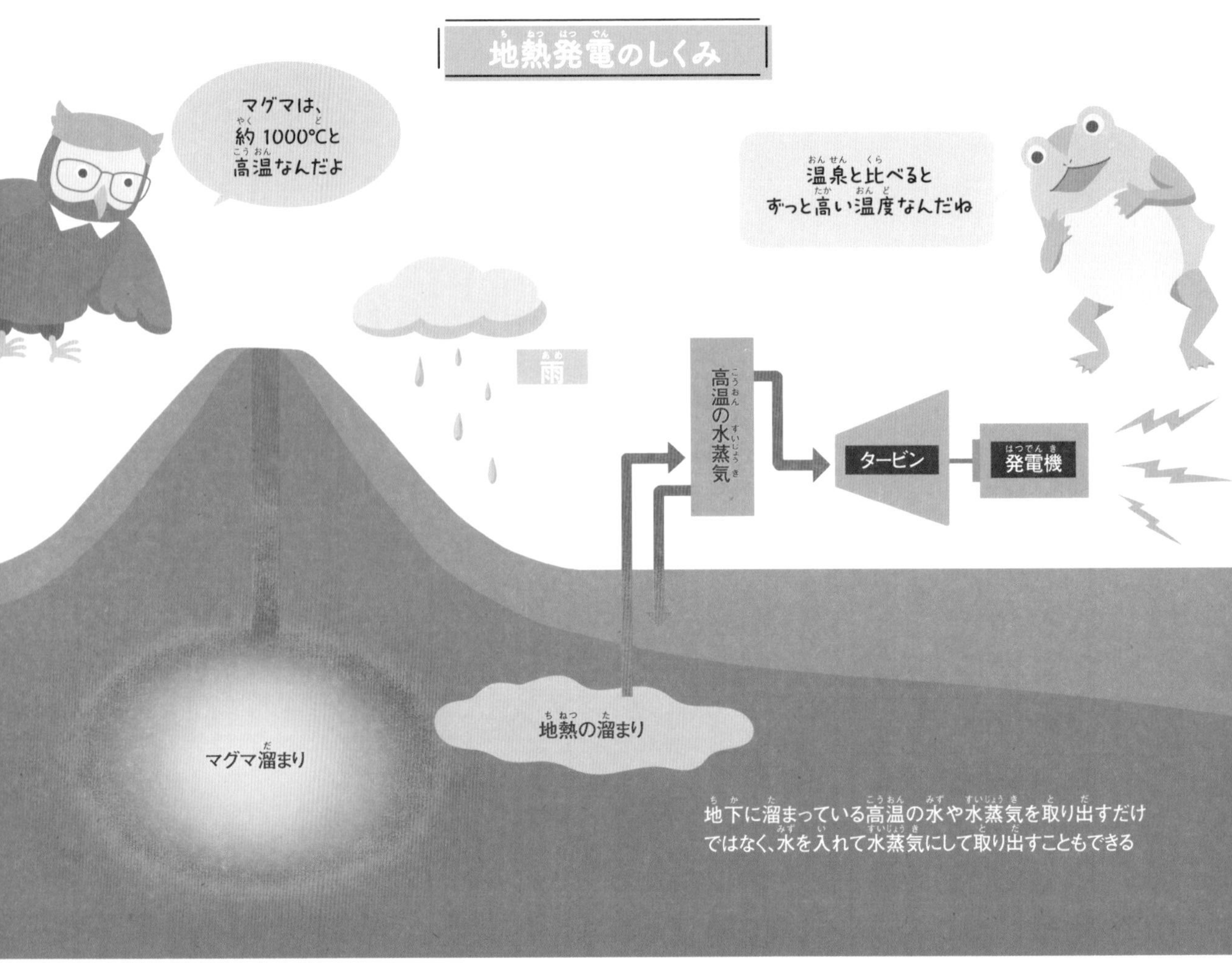
地熱発電のしくみ
マグマは、約 1000℃と高温なんだよ
温泉と比べるとずっと高い温度なんだね
雨
高温の水蒸気
タービン
発電機
地熱の溜まり
マグマ溜まり
地下に溜まっている高温の水や水蒸気を取り出すだけではなく、水を入れて水蒸気にして取り出すこともできる

太陽光発電や風力発電のほかに、再エネで期待されているものの１つが地熱発電です。

火山の下には、地球の中心部にあるマグマという高温の部分があります。マグマによって地下水が加熱され、高温、高圧の水や水蒸気が大量に地下に溜まっていて、これを取り出して発電します。

地熱発電所は、東北地方や九州地方に多くありますが、天候や昼夜を問わずに発電できるので、本当はもっと増やしたいのです。

日本は火山が多いので、アメリカ、インドネシアに続き、地熱発電に使える資源が世界で3番目に多いのです。しかし、火山が国立公園や国定公園

海洋を利用した発電

潮汐発電

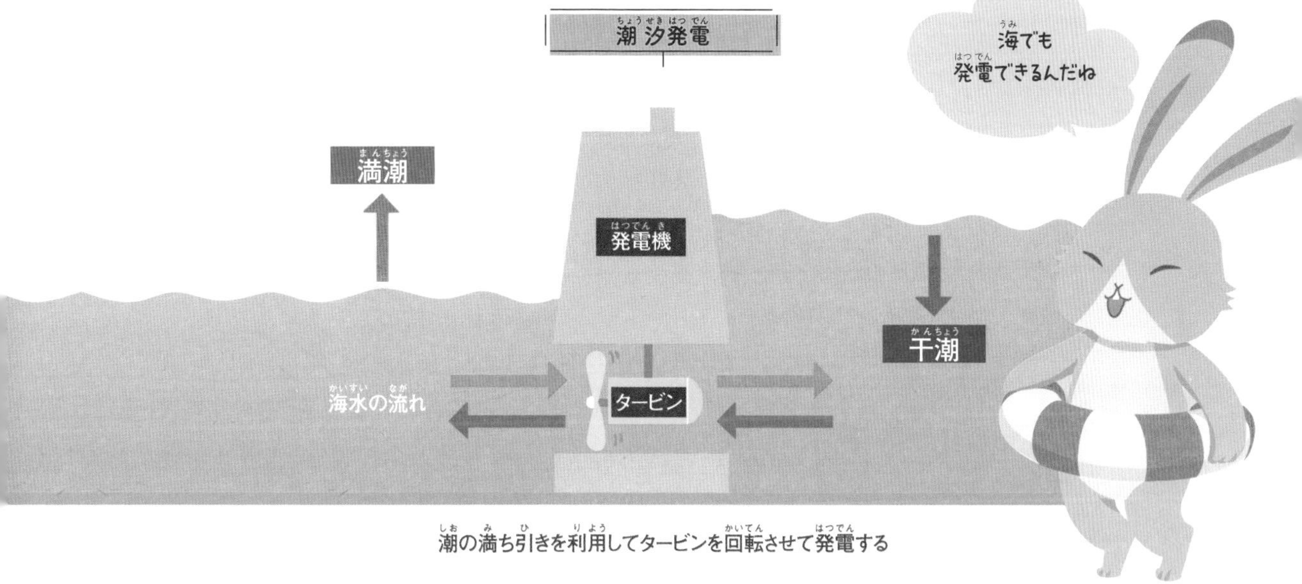

海でも発電できるんだね

満潮

発電機

干潮

海水の流れ

タービン

潮の満ち引きを利用してタービンを回転させて発電する

海流発電

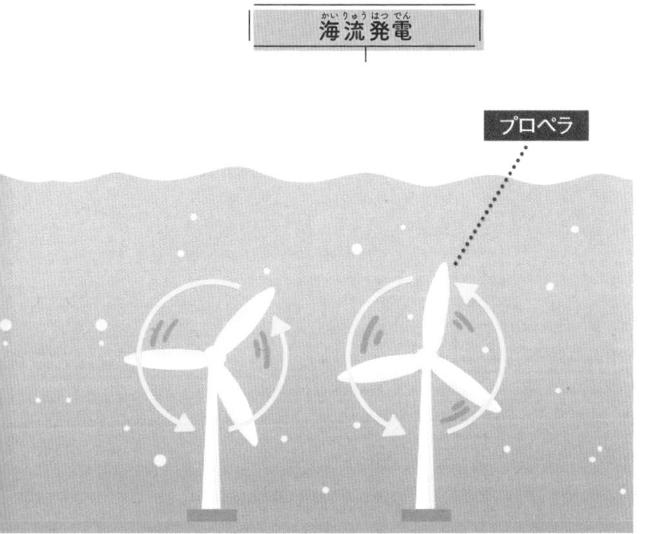
プロペラ

海流の流れを利用してプロペラを回転させて発電する

波力発電

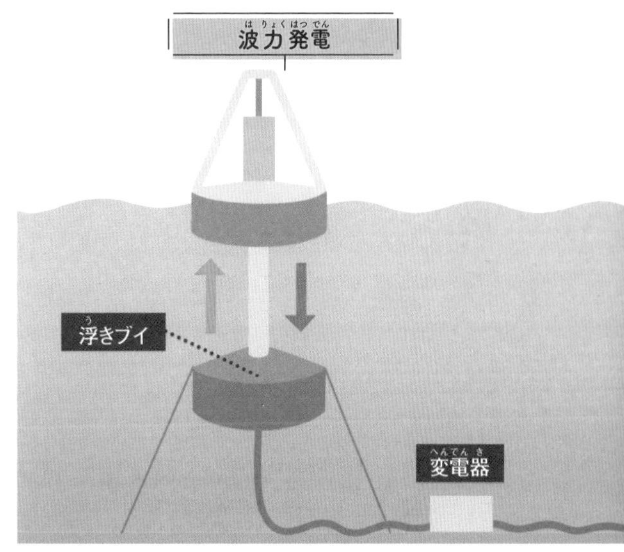
浮きブイ
変電器

波で浮きブイが上下する力を利用して発電する

の中にあることが多く、開発するにはいろいろな制限があります。そのため、今は日本の発電量の0.2%だけですが、2030年には、0.7%に増やそうとしています。海外の地熱発電所では日本の技術が広く使われているのですから、国内でも大いに期待できます。

地熱発電のほかに、日本は海に囲まれているので海洋エネルギーを利用した発電も期待されています。波が上下する力を利用した波力発電や、潮の満ち引きを利用した潮汐発電、海流の流れを利用した海流発電などの技術の開発が行われています。

08

工場で使う電気や熱は再生可能エネルギーで足りるの？

それぞれの工場に合った電気・熱・燃料をうまく使う

最近のデーターセンターでは、情報のやり取りに使うコンピューターを動かすために電気を使い、同時に出た熱を外に出して、冷房するため、さらに電気を使っている

食品工場では、食品を作る機械などで多くの電気を使い、加熱して殺菌するときに熱を使う

データセンター

食品工場

電気

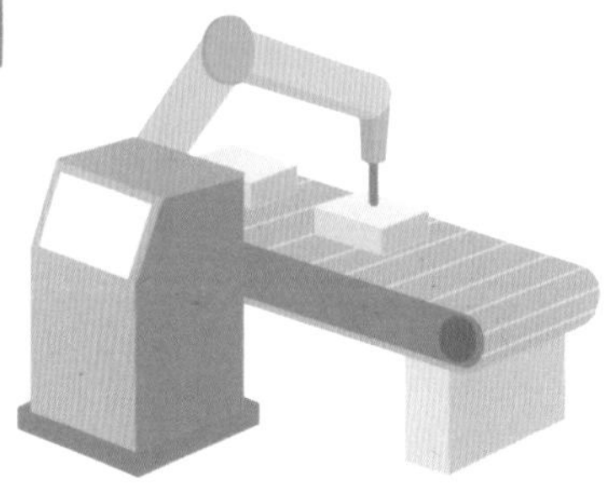

機械工場

化学工場

機械工場では、モーターを動かすのに、電気を多く使う

化学工場では、化学反応を起こすために熱を使ったり、原料を送るときに電気を使う

工場では電気をたくさん使います。工場によっては、熱い熱が欲しいところもあります。

工場によって、必要なものが違うので、それぞれの工場に合ったエネルギーを供給することが重要です。

製紙工場では、原料の木材チップを煮込むときに熱を使い、漂白して作ったパルプから紙にするときに電気を使う

製鉄所では鉄の原料である鉄鉱石を溶かしたり、できた鉄や回収したくず鉄を溶かしたりするので熱を多く使う

工場によって、電気と熱を使う割合が異なるんだよ

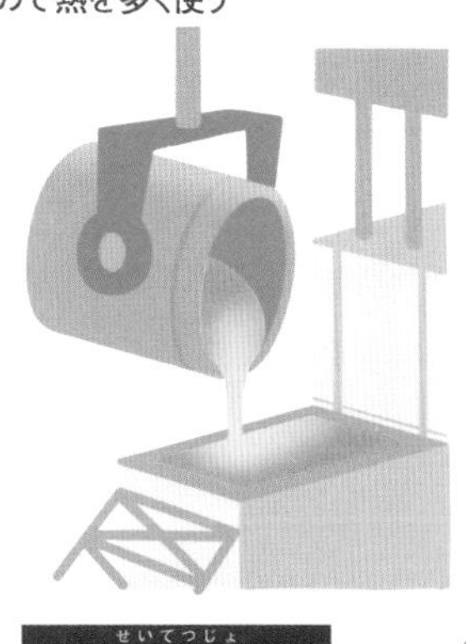

製紙工場

製鉄所

熱

セメント工場や
製鉄所は、
熱を
多く使うんだね

セメント工場

セメント工場では、原料の石灰石を焼いてセメントを作るので、熱を多く使う

たくさん使う電気と熱を再エネでまかなうのは大変ですが、現在の原油や石炭などの化石燃料から作られるエネルギーを、再エネに少しずつでも変えていくことで、CO_2を減らすことが期待できます。海外で再エネから作った水素やアンモニア、メタンのような燃料を使った熱を使うのもいいですね。

太陽光や風力発電などの再エネを直接利用するには、電気として使うほうがいいでしょう（p.38）。

09 太陽や風がないときはどうするの？

火力・原子力・揚水発電・蓄電池をうまく使う

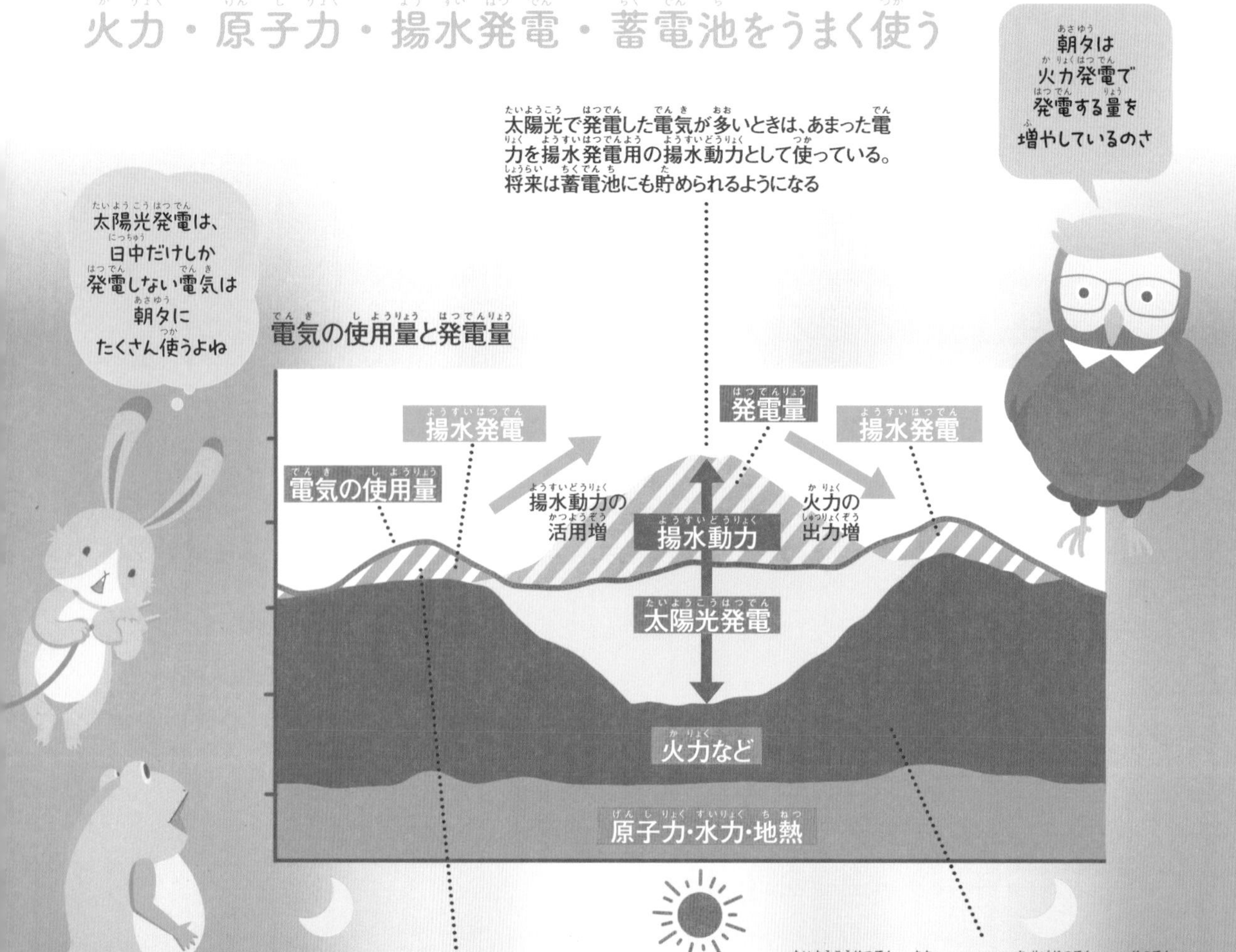

朝夕は火力発電で発電する量を増やしているのさ

太陽光発電は、日中だけしか発電しない電気は朝夕にたくさん使うよね

太陽光で発電した電気が多いときは、あまった電力を揚水発電用の揚水動力として使っている。将来は蓄電池にも貯められるようになる

電気の使用量と発電量

揚水発電
発電量
揚水発電
電気の使用量
揚水動力の活用増
火力の出力増
揚水動力
太陽光発電
火力など
原子力・水力・地熱

朝や夕方から夜にかけては、電気を使う量が増えて太陽光発電からの電気は減る。不足する分は、蓄電池や揚水発電所から電気を供給する

太陽光発電が多いときは、火力発電での発電の量を減らし、あまる電気を蓄電池や揚水発電所などに貯る。さらに、あまる場合は、水力発電、地熱発電や原子力発電の発電量も減らす

再エネは、日時や天候により作られるエネルギーの量が大きく変わります。太陽光発電では、昼間しか発電しませんし、天気によっても変わります。風力発電では、風の吹き方によって発電する量が変わります。

工場では生産の仕方を考えて、事前に必要になる電気の量を予測しています。また、天気予報から翌日は暑くなるのか、寒くなるのかを予測して電気がどれぐらい必要になるのか、さらに太陽光や風力で発電できる量も予測します。

揚水発電のしくみ

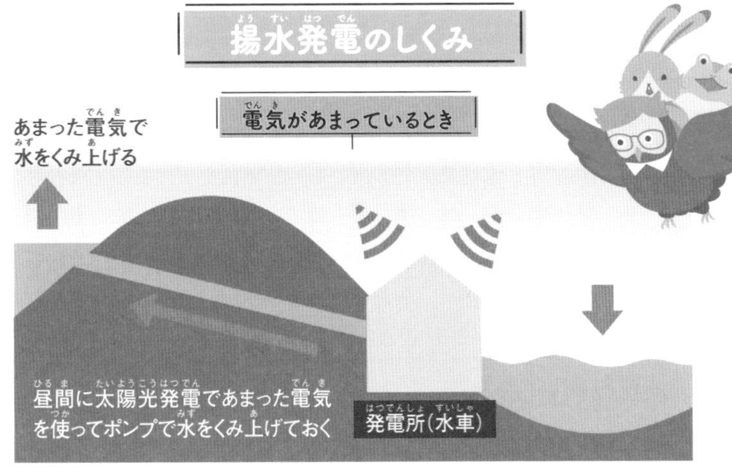
電気があまっているとき
あまった電気で
水をくみ上げる
昼間に太陽光発電であまった電気
を使ってポンプで水をくみ上げておく
発電所(水車)

太陽光で発電できない
天気が悪い日や夕方や夜に、
揚水発電するんだよ

電気が必要なとき
放水して発電
太陽光で発電できない天気が悪い
日や夕方や夜に、放水して発電する
発電所(水車)

蓄熱発電のしくみ

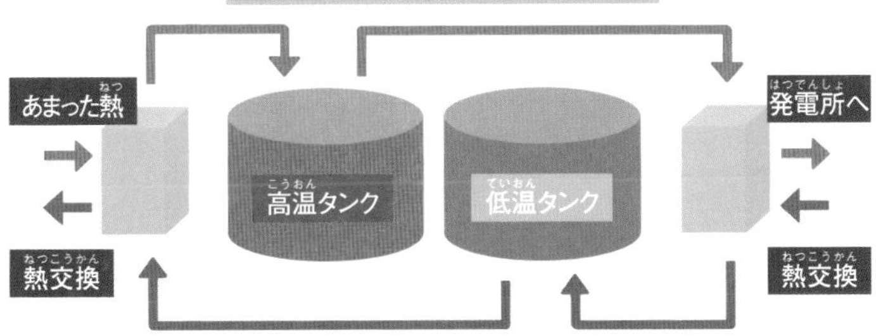
あまった熱
熱交換
高温タンク
低温タンク
発電所へ
熱交換

熱い液体を入れておくタンクと、低い温度の液体のタンクを使って、その間で熱をやり取りして、熱を使ったり入れたりする

揚水発電はどんな役割で使われているの？

揚水発電はもともとは、昼間の電力が多く使われるときにダムの水を流して発電し、夜間の電力があまり使われないときに、電気を使って下にある池から上流の湖に水を上げていたのです。

今では、太陽光発電などで日中に電気があまったときに、電気でポンプを動かして水を上にある湖に持ち上げ、朝夕や雨の日などで電力が不足するときに、下に流して発電する、というような使い方をしています。

蓄熱発電はどんな技術なの？

揚水発電のほかに、まだ技術開発中ですが、水ではなく熱を貯めて必要なときに発電する蓄熱発電という技術があります。

あまったエネルギーを使って、特殊な液体の温度を上げてタンクに貯めておき、エネルギーが必要なときに、温度の高い液体から熱を取り出し、温度の低いタンクに貯めておきます。

あまったエネルギーで空気を圧縮して貯めておき、必要なときに圧縮した空気で発電する方法も開発されています。

予測した電気の量から火力発電や原子力発電による発電量を調整して、電気が不足しないようにしています。

バイオマス発電や地熱発電も発電量を調整できますが、現在は発電量が小さいのであまり効果がありません。

このように、再エネを大量に使うには、電気が不足しないように、幅広く調節できる火力発電などを使い、さらに、電気を貯める設備が必要になるのです。

10

エネルギーを貯める方法にはどんなものがあるの？

蓄電池・揚水発電・燃料変換などがある

エネルギーを貯める技術は、いろいろなところで必要になります。どの程度の間、貯めるかによって方法が変わります。

電気を貯めるのは大変です。蓄電池は、太陽光発電などで天気がこまめに変わり、短い時間に発電量が変化するときに予備の電気として使えます。

1日の間で何時間にもわたる変化に対応するには、揚水発電（p.52）が適していて、実際に電力会社が使っています。また、空気を圧縮して貯めておいて、必要なときに発電する方法もあります。

短時間で貯めておく場合

圧縮空気発電

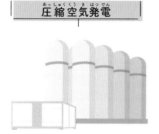

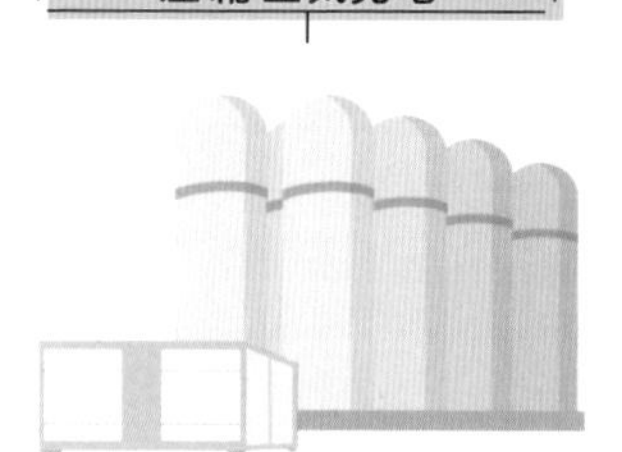

蓄電池

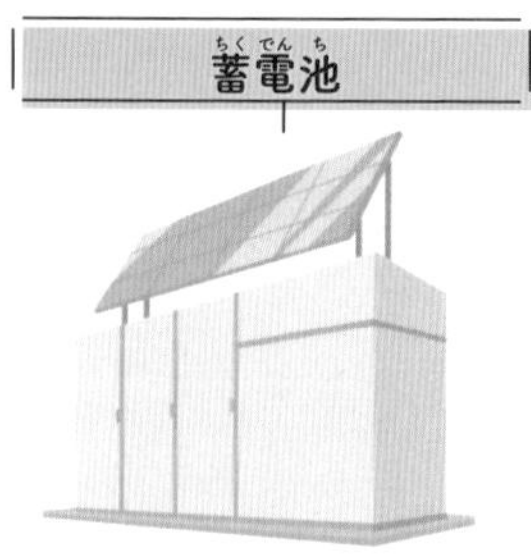

すぐに電気を出し入れできるけれど、設置する費用が高い

1日の中で貯めたり使ったりする場合

揚水発電

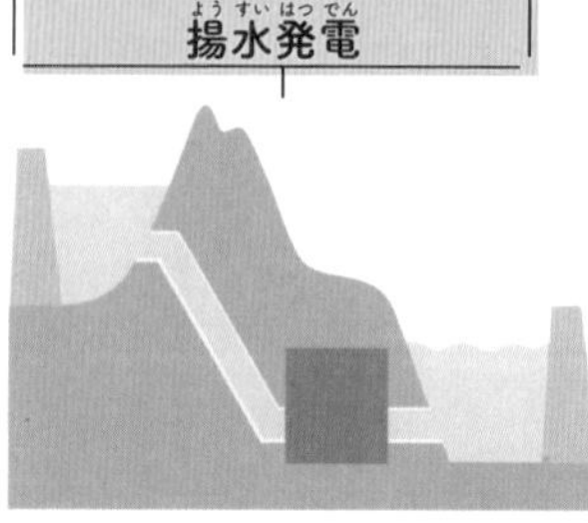

蓄熱発電

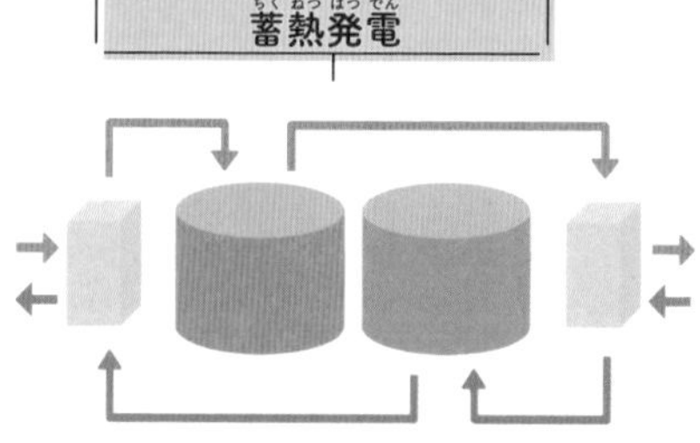

揚水発電は、1日の間で調整がしやすいけれど、設置する場所が限られている

長期間貯めておく場合

水素や燃料への変換

長い期間をかけて大量に貯められるけれど、すぐに使えない

どのように使うかで、
貯める技術が
違うんだ。
いろいろな電気や熱を
貯める技術を
上手に使うといいよ

再エネでの
発電が
増えたら、
エネルギーをうまく
貯めておけると
いいね

リチウムイオン電池のしくみ

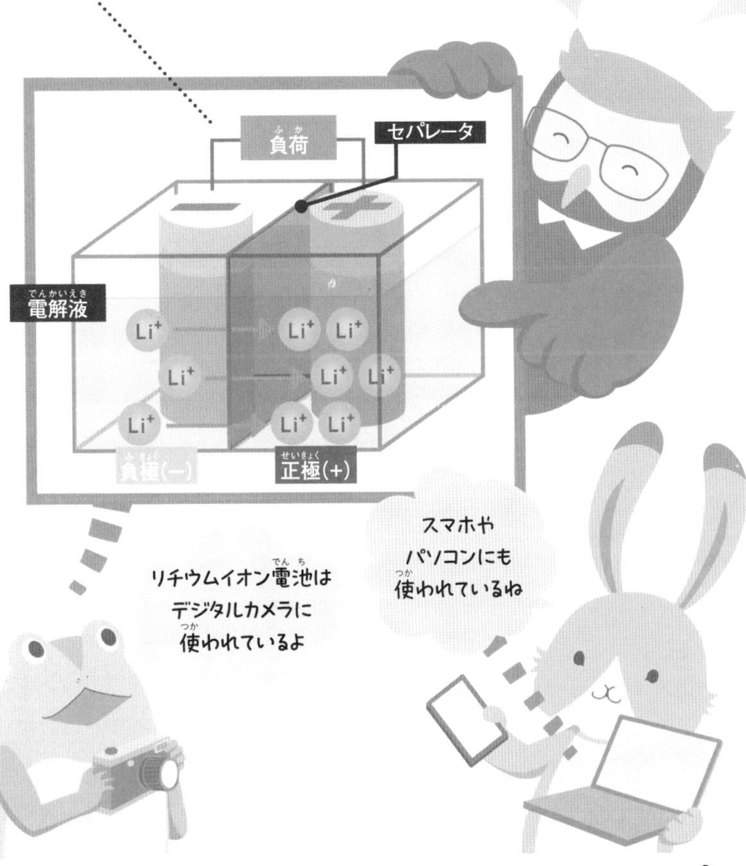
プラスの電極(正極)とマイナスの電極(負極)の間にある電解液の中をリチウム(Li)イオンが移動することで、電気を貯めたり(充電)、取り出したり(放電)する
2019年にノーベル化学賞を受賞した吉野彰博士は、リチウムイオン電池の発明者の1人
吉野博士が、電極とセパレータ技術を確立したことで、実用化に成功したんだ
負荷
セパレータ
電解液
Li+
負極(−)
正極(+)
リチウムイオン電池はデジタルカメラに使われているよ
スマホやパソコンにも使われているね

リチウムイオン電池はどんな電池なの？

再エネを日常的に使うには、エネルギーを貯めて足りないときに素早く電気を取り出す技術が不可欠です。電気を貯めるには、高い性能の蓄電池が必要です。蓄電池にはいろいろあり、その中でもっとも多く使われているのがリチウムイオン電池です。Li イオン電池とも書きます。

スマートフォンや自動車などの蓄電池や、再エネを貯める大型の電力系統制御用の蓄電池に使われています。

ほかにどんな蓄電池があるの？

リチウムイオン電池のほかに、多くの研究所や会社で、次のような蓄電池の研究、開発が進められています。

ナトリウム硫黄電池	充電や放電速度が遅いが大型化することができ、実際に使われている
全固体電池	電解質液が固体の蓄電池として開発されていて、リチウムイオン電池の3倍の電気を貯められるといわれている
リチウム空気電池	リチウムと空気中の酸素との反応を使った電池。重量が軽く、重さ当たりの貯められる電気の量は5倍とも言われている
ナトリウムイオン電池	リチウムのような珍しい金属を使わない蓄電池として研究が進められている

電気ではなく、熱を貯めておく蓄熱発電（p.53）もあり、技術開発が進められています。電気を使って水素や燃料を作って貯めておくことも考えられます。電気や熱を貯める場合に比べてエネルギーが減ってしまいますが、長時間貯めることができます。

このように、再エネを有効に使うには、さまざまなエネルギーを貯める技術を、その特性に合った使い方をしていくことが不可欠です。

みんな電気自動車になるの？

走行距離・充電時間に課題がある

電気自動車（EV）のしくみ

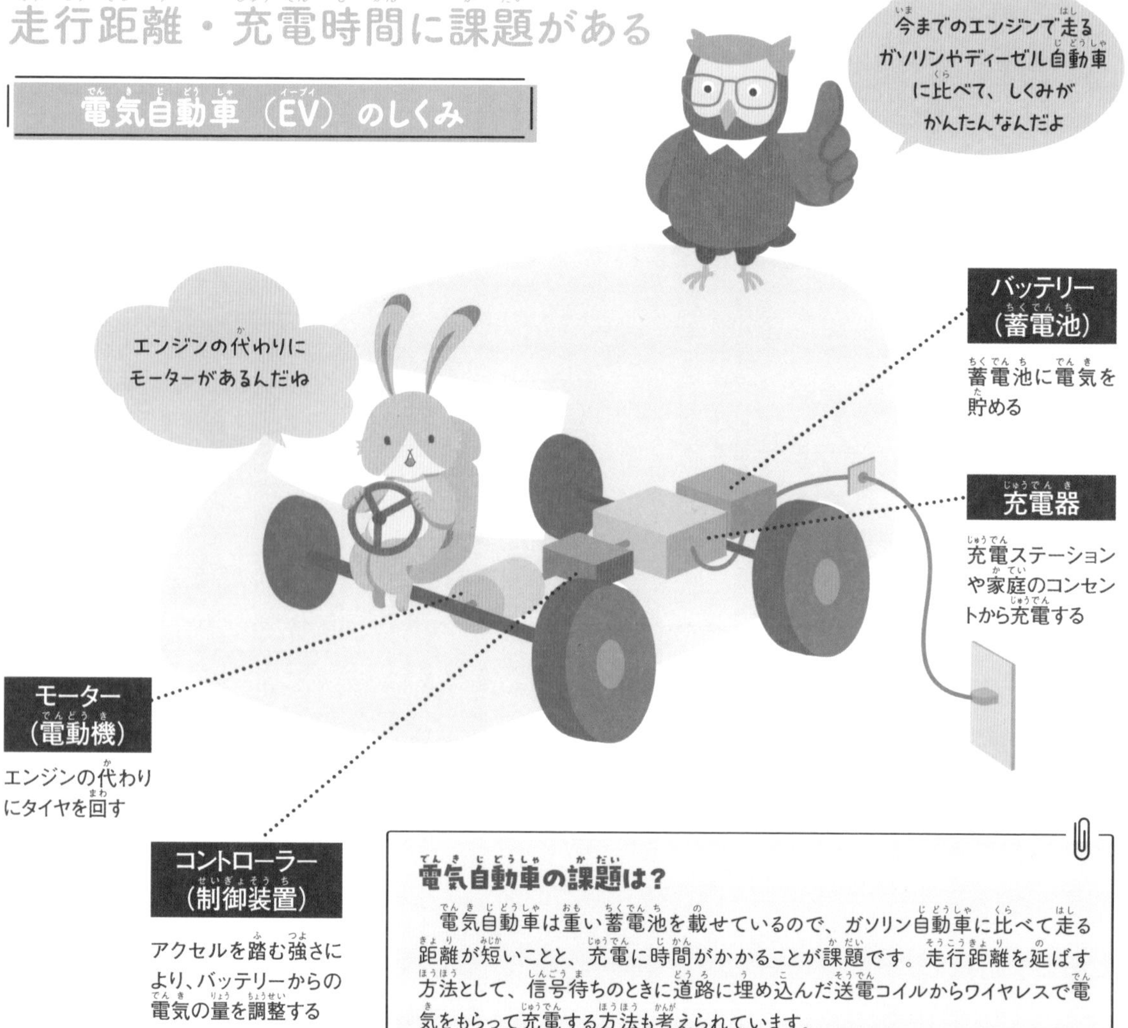

今までのエンジンで走るガソリンやディーゼル自動車に比べて、しくみがかんたんなんだよ

エンジンの代わりにモーターがあるんだね

バッテリー（蓄電池）
蓄電池に電気を貯める

充電器
充電ステーションや家庭のコンセントから充電する

モーター（電動機）
エンジンの代わりにタイヤを回す

コントローラー（制御装置）
アクセルを踏む強さにより、バッテリーからの電気の量を調整する

電気自動車の課題は？

電気自動車は重い蓄電池を載せているので、ガソリン自動車に比べて走る距離が短いことと、充電に時間がかかることが課題です。走行距離を延ばす方法として、信号待ちのときに道路に埋め込んだ送電コイルからワイヤレスで電気をもらって充電する方法も考えられています。

バッテリー式電気自動車（BEV）とは、バッテリー（蓄電池）に充電して、その電気でモーターを回して走る自動車です。一般的に電気自動車（EV）は、このバッテリー式電気自動車（BEV）をさします。

電気自動車は、再エネや原子力発電などのCO_2をあまり出さない電力を使うとCO_2を大きく減らすことができます。CO_2を減らすために、世界では多くの電気自動車が走りはじめています。

そして、世界の自動車関連の企業は、1回の充電で走れる距離を長く、また、価格を安くしようと高性能の蓄電池の開発をはじめとして技術開発を急いでいます。

ガソリン自動車・BEV・HV・PHEVの違い

ガソリン自動車

燃料(ガソリン)を燃やしてエンジンを動かす
CO_2がたくさん出る

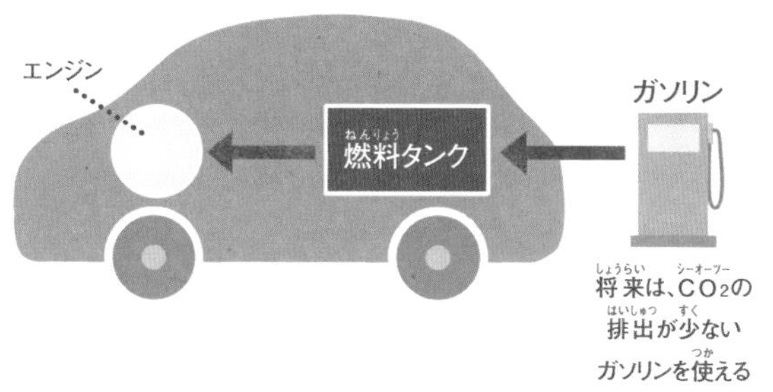
エンジン
燃料タンク
ガソリン
将来は、CO_2の
排出が少ない
ガソリンを使える

ハイブリッド車(HV)

バッテリー(電気)でモーターを動かして走りはじめ、
燃料でエンジンを動かして走る
ガソリン自動車よりCO_2が少ない

モーター
バッテリー
燃料タンク
ガソリン
エンジン
将来は、CO_2の
排出が少ない
ガソリンを使える

バッテリー式電気自動車(BEV)

バッテリーに電気を蓄え、
モーターをバッテリーの電気で動かす
再エネの電力を使うとCO_2を大きく減らせる

電気
モーター
充電器
バッテリー

プラグイン・ハイブリッド車(PHEV)

ハイブリッド車と似ているが、
家庭用電源プラグからも充電できる
再エネの電力を使うとHVよりCO_2が減る

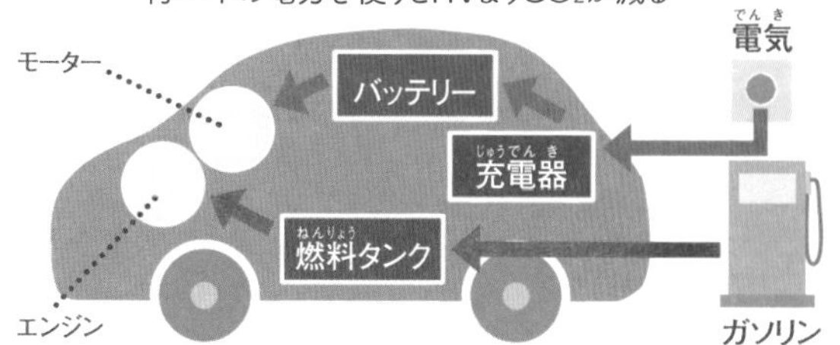
電気
モーター
バッテリー
充電器
燃料タンク
エンジン
ガソリン

バッテリー式電気自動車は、
エネルギーと車を作るときに
再エネを使うと、
CO_2を減らせるね

水素を燃料とした、燃料電池自動車(FCV)の利用も進んでいます。

また、日本ではハイブリッド車(HV)やプラグイン・ハイブリッド車(PHEV)がたくさん走っています。これらは、エンジンとモーターの両方で動きます。モーターでも走るので電動車と呼ばれますが、エンジンがついているので、バッテリー式電気自動車(BEV)ではありません。

欧米では、将来、CO_2を出さない電力になると思いますが、アジアやアフリカでは、まだまだ、火力発電を使い続けるかもしれません。そのような国では、HVやPHEVで効率よく燃料を使うほうがよいでしょう。また、CO_2が出る量が少ない燃料を使うことも考えられています。

コラム

日本の再生可能エネルギー

日本は、洋上風力発電を頼りにしているの？

政府の洋上風力発電の導入目標をもとにした導入イメージ

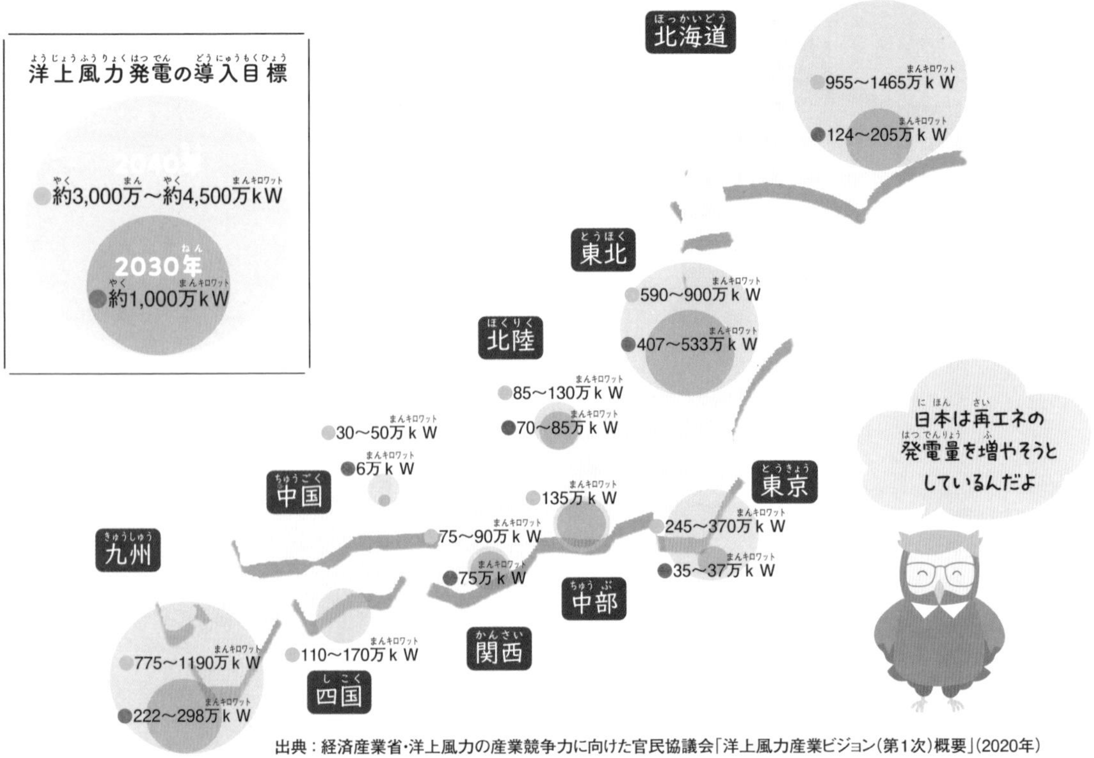

洋上風力発電の導入目標

2040年 約3,000万～約4,500万kW

2030年 約1,000万kW

北海道 955～1465万kW / 124～205万kW

東北 590～900万kW / 407～533万kW

北陸 85～130万kW / 70～85万kW

中国 30～50万kW / 6万kW

東京 245～370万kW / 35～37万kW

中部 135万kW / 75～90万kW

関西 75万kW

九州 775～1190万kW / 222～298万kW

四国 110～170万kW

日本は再エネの発電量を増やそうとしているんだよ

出典：経済産業省・洋上風力の産業競争力に向けた官民協議会「洋上風力産業ビジョン（第1次）概要」(2020年)

環境省は、事業性を考えると、日本には再生可能エネルギーで年間1兆から2.6兆kWhの発電のポテンシャルがあるといっています。その半分以上が洋上風力発電で、陸上風力発電を含めると風力発電で作られる電力が8割以上です。太陽光発電よりずっと多いのです。日本の電気の消費量は年間で約1兆kWhなので、洋上風力発電に大いに期待したいところです。

2021年には、480万kWの風力発電の設備があり、日本の電力の0.9％、すなわち年間で90億kWhをまかなっています。

設備容量（発電できる最大の大きさ）では、洋上風力発電が18,000万～46,000万kWのポテンシャルがあるといわれています。上の図のように、将来の導入目標は、2030年に約1,000万kW、2040年には約3,000万～約4,500万kWなので、ポテンシャルからみれば実現できそうに思います。

3章

水素でCO2を減らそう

01 水素ってどんな物質なの？

身近にたくさんある軽い物質

東京オリンピックの聖火も水素!?

2021年に開催された東京2020オリンピックの聖火は、燃料に水素が使われました。

水素は無色透明なので、炎色反応という方法で色がつけられていました。

水素は軽いから、すぐに
上に広がっていく
水素は、原子が2つの
H2で気体として安定
水素は
燃えやすいときくけど
あぶなくないの?
酸素と一緒になって
できたのが水
工場では普通に
使っていて、
安全に使う方法が
わかっているのさ

水は水素（H_2）と酸素（O_2）から成り立っているので、地球上には水素は無限といえるほどたくさんあります。気体の水素は2つの原子（H）が結びついた分子（H_2）で、無色、無臭、無害です。燃えても炎が見えません。

水素は、炭素（C）、酸素（O）や窒素（N）と結びついて、いろいろな化学物質を作っています。また、空気の重さの1／14であり、地球上でもっとも軽い物質です。

水素は燃やすと熱を出して水になります。燃やしてもCO_2を出さないので、カーボンニュートラルを進めるには、欠かせない物質です。

水素はとても反応しやすく、燃えやすい物質ですが、高温にならなければ自然に火がつくことはありません。タンクなどから漏れたり、火がついたりしないように、取り扱いに注意することが重要です。

02 ブルー水素はどういうもの？

水素を作るときに出た CO_2 を地中に貯める

工場の中では、
水素を使っていろいろな
化学物質を作っているんだ

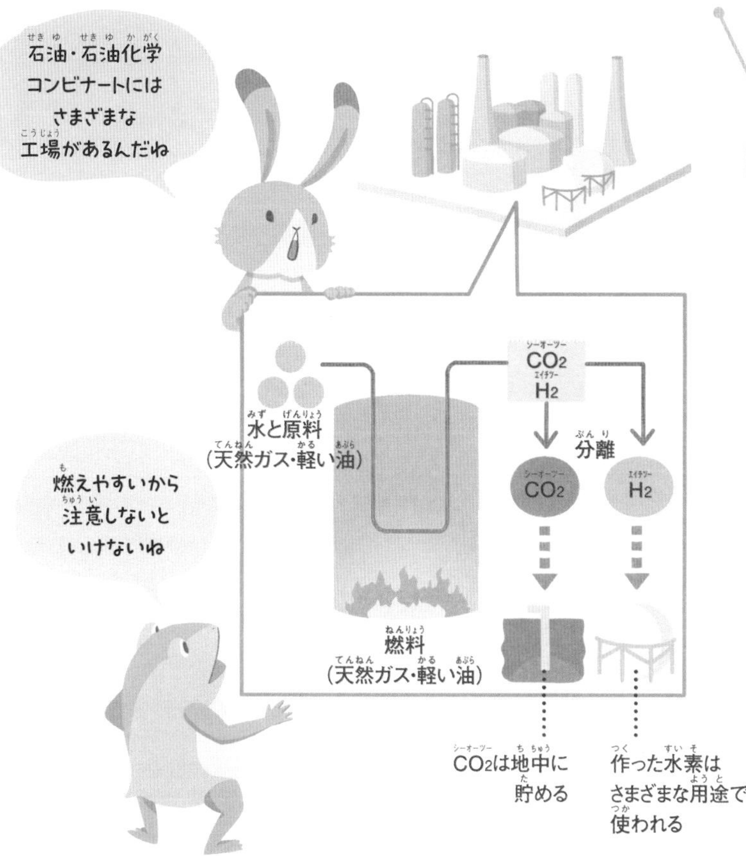

石油・石油化学
コンビナートには
さまざまな
工場があるんだね
水と原料
（天然ガス・軽い油）
CO2
H2
分離
CO2
H2
燃料
（天然ガス・軽い油）
燃えやすいから
注意しないと
いけないね
CO2は地中に
貯める
作った水素は
さまざまな用途で
使われる

生産が終わった井戸を有効活用

石油や天然ガスを生産しているところでは、石油などを取り出すのが終わった井戸に CO_2 を貯めて大気に出ないようにしています。

産油国・産ガス国はブルー水素を輸出!?

中東などの石油や天然ガスを産出する国では、原料となる石油系のガスが安く、CO_2 を貯めることもできるので、ブルー水素を生産し、日本などへ輸出しようとしています。

水素は、石油の中の硫黄化合物などの不純物を減らしたり、アンモニアやメタノールなどの化学製品を作るときや、ロケットの燃料などさまざまな産業で使われています。

もっとも多く使われている石油コンビナートでは、天然ガスや軽い油を原料として、これを金属の触媒を使って高温で水と反応させて水素を作ります。そのとき、CO_2 が出ます。

この方法で発生した CO_2 を分離・回収して、地下に貯めて、CO_2 を大気に出さないで作った水素をブルー水素と呼びます。現在、CO_2 を出さずに作る水素の中では、安くできる水素として注目されています。

また、天然ガスを高温で分解して、炭素と水素にすることで、CO_2 を出さずに水素を作る技術を開発しています。この水素をターコイズ水素と呼びます。

03 CO_2を出さない水素はどうやって作るの？

電気を使って水素を作る

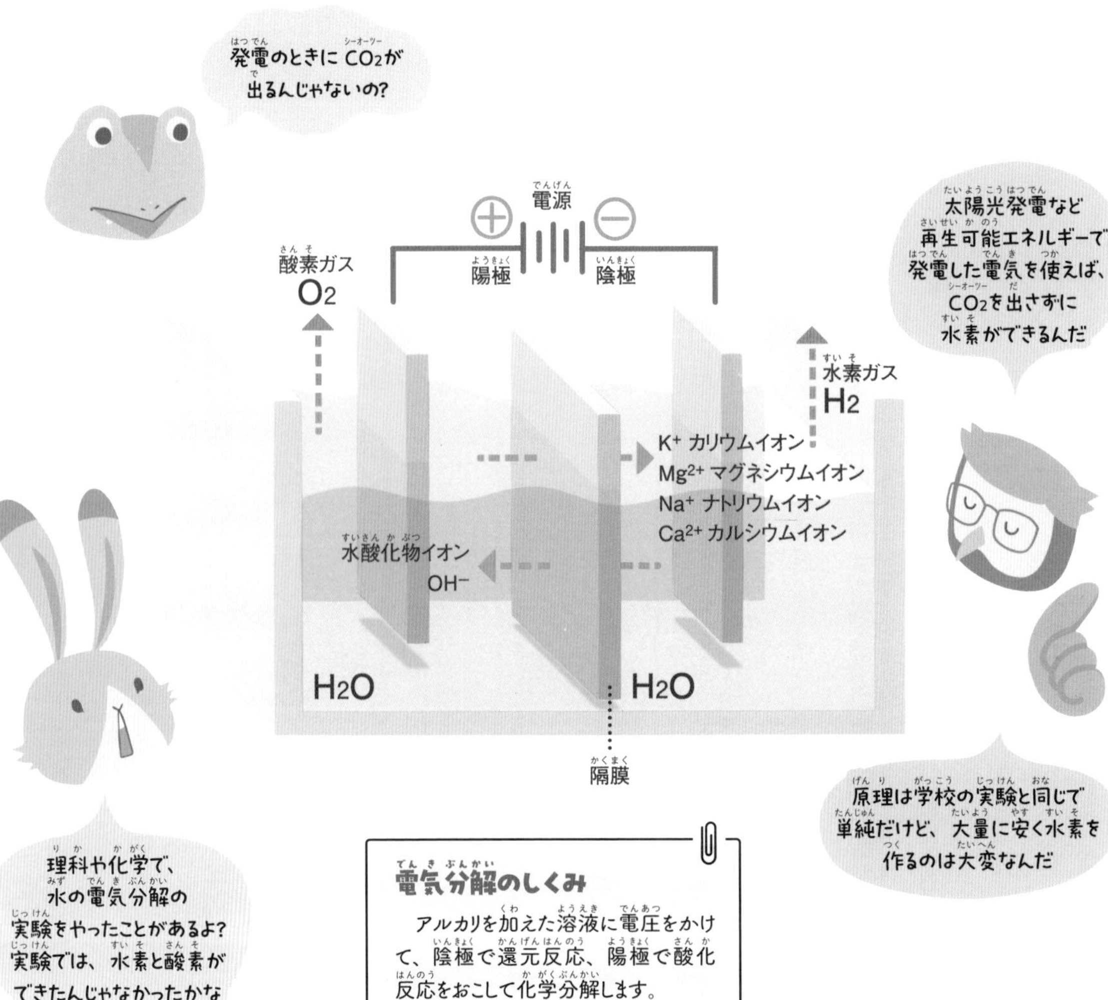

発電のときにCO_2が出るんじゃないの？
電源
陽極
陰極
酸素ガス
O_2
水素ガス
H_2
K^+ カリウムイオン
Mg^{2+} マグネシウムイオン
Na^+ ナトリウムイオン
Ca^{2+} カルシウムイオン
水酸化物イオン
OH^-
H_2O
H_2O
隔膜
太陽光発電など再生可能エネルギーで発電した電気を使えば、CO_2を出さずに水素ができるんだ
理科や化学で、水の電気分解の実験をやったことがあるよ？実験では、水素と酸素ができたんじゃなかったかな
原理は学校の実験と同じで単純だけど、大量に安く水素を作るのは大変なんだ

電気分解のしくみ

アルカリを加えた溶液に電圧をかけて、陰極で還元反応、陽極で酸化反応をおこして化学分解します。

CO_2が出ないように水素を作る方法は、理科や化学の実験と同じように水を電気分解することです。再生可能エネルギーで発電した電気を使えば、CO_2を出さずに水から水素ができます。

このような水素をグリーン水素と呼びます。グリーン水素を燃やしても、CO_2が出たことになりません。

カーボンニュートラルを実現する上で、大変重要な技術なので、固体酸化物形電解セル（SOEC）など、大規模に効率よく水素ができる方式の技術開発が進められています。

水素でCO_2を減らせるの？

水素を燃料として使ってCO_2を減らす

石炭や液化天然ガス(LNG)を
発電所で燃やすと、CO2が
出てしまうよね
水素とCO2から化学品を
作れるらしいよ
LNG
石炭
H2
工場でも水素を
たくさん使っている
ガソリンの代わりに、
水素ステーションで、
自動車に水素を入れられる

水素を燃料にする車や飛行機

燃料電池自動車(FCV)は水素を燃料にして走ります。水素を燃料にするエンジンで動く車もあります。将来、水素を燃料にした飛行機もできるかもしれません。

水素は燃やしてもCO_2が出ないので、これからはさまざまな用途で燃料として使われることが期待されています。そうなると、たくさんの水素が必要になります。

今まで、石炭や天然ガスを燃やして発電していた火力発電所を、水素を燃やせるように改良すると、CO_2を出すことなく、同じように発電ができます。工場でも水素で発電した電力や水素を燃やして発生した熱が使えます。

このほかに、今まで石油コンビナートで使われていた以上に、多くの水素をCO_2などと反応させて化学品を作るのに使うようになるでしょう。

05 水素で自動車が動くの？

水素を燃料として走る車

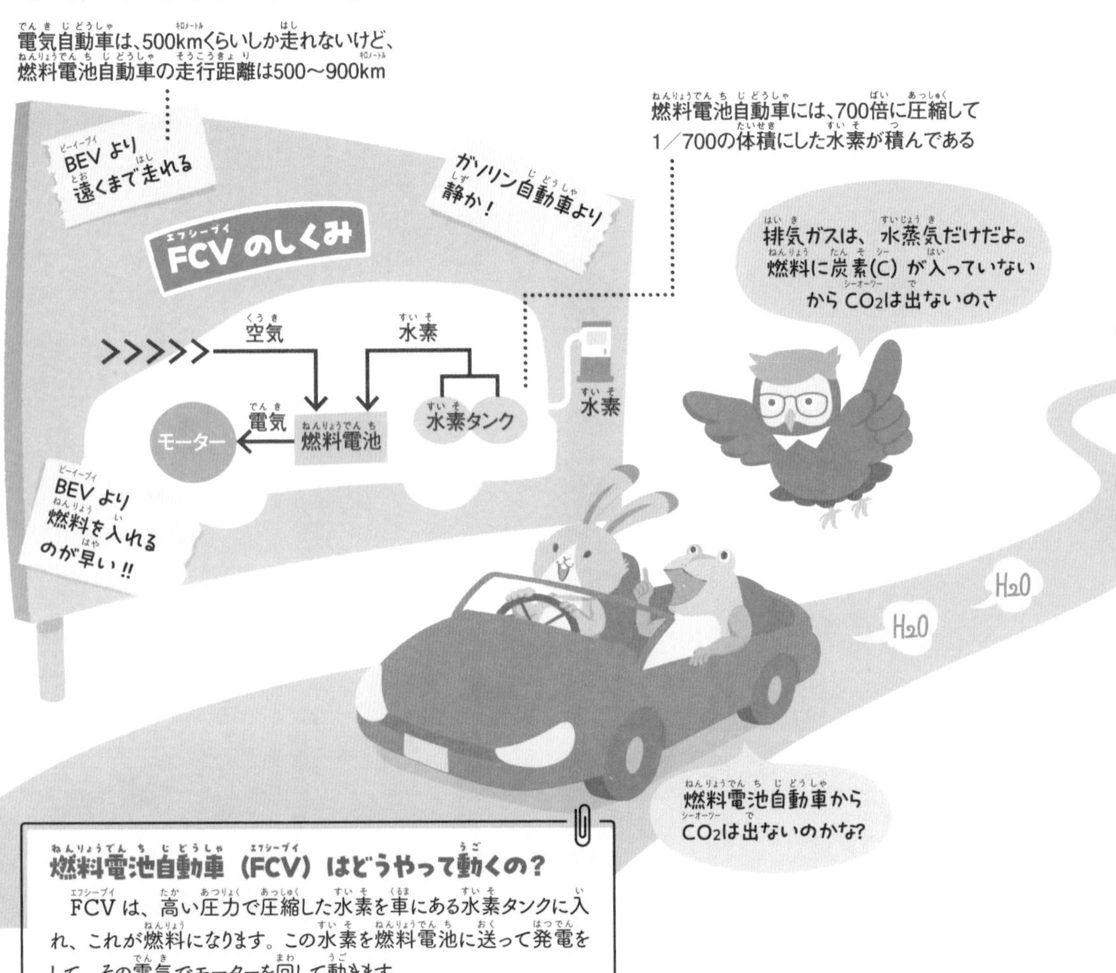

電気自動車は、500kmくらいしか走れないけど、燃料電池自動車の走行距離は500〜900km
燃料電池自動車には、700倍に圧縮して1／700の体積にした水素が積んである
BEVより遠くまで走れる
ガソリン自動車より静か！
FCVのしくみ
排気ガスは、水蒸気だけだよ。燃料に炭素(C)が入っていないからCO_2は出ないのさ
空気
水素
電気
モーター
燃料電池
水素タンク
水素
BEVより燃料を入れるのが早い!!
H_2O
H_2O
燃料電池自動車からCO_2は出ないのかな?

燃料電池自動車（FCV）はどうやって動くの？

FCVは、高い圧力で圧縮した水素を車にある水素タンクに入れ、これが燃料になります。この水素を燃料電池に送って発電をして、その電気でモーターを回して動きます。

自動車は、ほとんどがガソリンやディーゼルで動いています。最近では、街中でバッテリー式電気自動車（BEV）も見かけます。また、水素を燃料として動く、燃料電池自動車（FCV）もあります。

FCVでは、自動車のうしろから出る排気ガスは、水蒸気です。燃料である水素を1回入れると、500〜900ｋｍくらい走ります。電気自動車に比べて長距離を走ることができます。ただ、電気自動車と比べても、値段が高いです。

一方、水素を燃料として、従来のエンジンを改良して動く自動車も考えられます。FCVに比べると効率が下がりますが、車の値段が安くなります。

06 水素ステーションは足りているの？

設置している場所が少ない

水素ステーションで
再エネから水素を
作れたらいいね

水素ステーションでは、
圧縮した水素をトレーラで運んで来て
82MPaという高い圧力のタンクに
貯めておくところがある

1

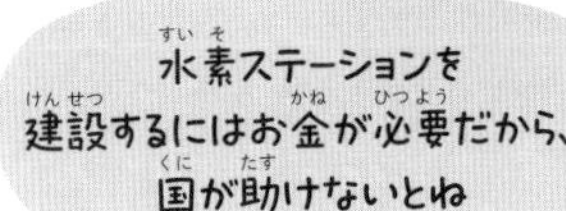

水素ステーションを
建設するにはお金が必要だから、
国が助けないとね

天然ガスやプロパン
ガス（LPG）から水素
を作って、その水素を
充填するところもある
が、作るときにCO_2が
出てしまう

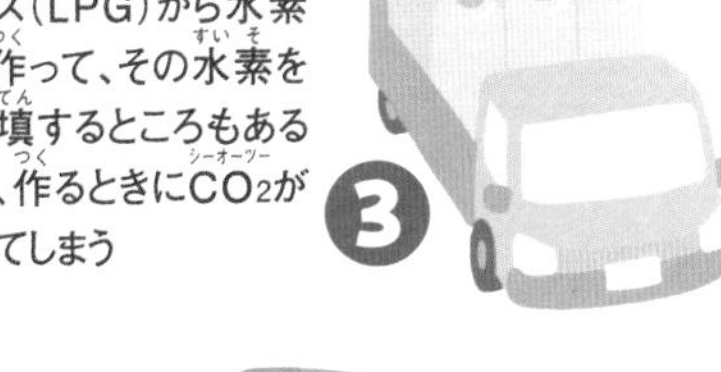

3

2 太陽電池で発電
して、水電解で水素
を作るところもある

水素ステーションの数が増えると、
燃料電気自動車（FCV）に
乗る人には便利だね

水素ステーションの役割

水素ステーションには、

❶ 工場で作った水素を運んできて高い圧力のタンクに貯めておくところ

❷ その場所で太陽電池などで発電して、水の電気分解で水素を作るところ

❸ プロパンガスなどの燃料を使って水素を作るところ

があります。❸の場合は、CO_2が出てしまいます。

燃料電池自動車（FCV）は水素が燃料なので、ガソリンスタンドではなく水素ステーションで水素を車の水素タンクに充填します。水素ステーションは、ガソリンスタンドに比べて建設のコストが高く、まだ、全国で約170カ所（2022年の実績）しかなく、設置されている数が少ないので、利用者からみると少し不便です。

FCVでどこでへでも行けるようにするには、ガソリンスタンドと同じくらいの数の水素ステーションを設置する必要があります。

07 水素は日本にたくさんあるの？

水素を安く作れる国から輸入する

液体で運んで来たら、
タンクに入れておく
中東
オーストラリア
ブルー水素
グリーン水素
水素はどこで
作ると安くできる
のかな？
オーストラリアは
晴れの日が多くて、
太陽の光が強いし、
広い土地もあるから
グリーン水素が作れる
中東は、天然ガスが
たくさん採れて、CO2を
地下に貯められる
国があるから、
ブルー水素が作れるよ

有機ハイドライドってどんなもの？

有機ハイドライドは、作った水素を触媒を使って取り込み、水素を使うときに水素を放出する化学物質で、MCHと呼ばれています。

日本でも、再生可能エネルギーから作られた電力を使い、水を電気分解して水素を作れます。しかし、オーストラリアのような再生可能エネルギー電力が安く豊富な国で作るほうが安くできます。

天然ガスなどを原料として作ったブルー水素は、天然ガスが安い国で作るのがよいでしょう。しかし、天然ガスが多く生産されている中東から日本までは、約12,000kmもあります。日本に運んで来るのは大変です。

海外から運ぶには、水素を－253℃まで冷やして液体にし、専用の船で運びます。アンモニアであれば、－33℃で液体になるので、液体水素よりも運びやすくなります。アンモニアや有機ハイドライド（MCH）のような運びやすい物質に水素を変えて、船で運ぶ方法もあります。

08

アンモニアはどのように使われるの？

水素を運ぶ・肥料などさまざまな用途に使われる

水素が必要な場合は、アンモニアから水素を作れるよ
アンモニアの分子は、真ん中にNが、その周りに3個のHがついている
N
H
H
H
NH3
アンモニアって、すごくくさいガスだよね
アンモニアはくさいガスだけれど、きちんと使えば大丈夫なんだね
最近では、火力発電所で燃やそうとしている
園芸で使う化成肥料には、アンモニアから作られた窒素肥料が入っている
園芸肥料
水素ガス
肥料以外にも、いろいろな薬品を作るのに使っているのさ
アンモニアは、世界中でたくさん使われているんだね

アンモニアは燃料になる？

液化天然ガス（LNG）や石炭を燃料としている火力発電所では、アンモニアを混ぜて燃やしたり、将来、アンモニアだけを燃やすことも考えられています。そのアンモニアは、安く海外で作って船を使って日本に運ぶことができます。船を動かすCO_2を出さない燃料としても注目されています。

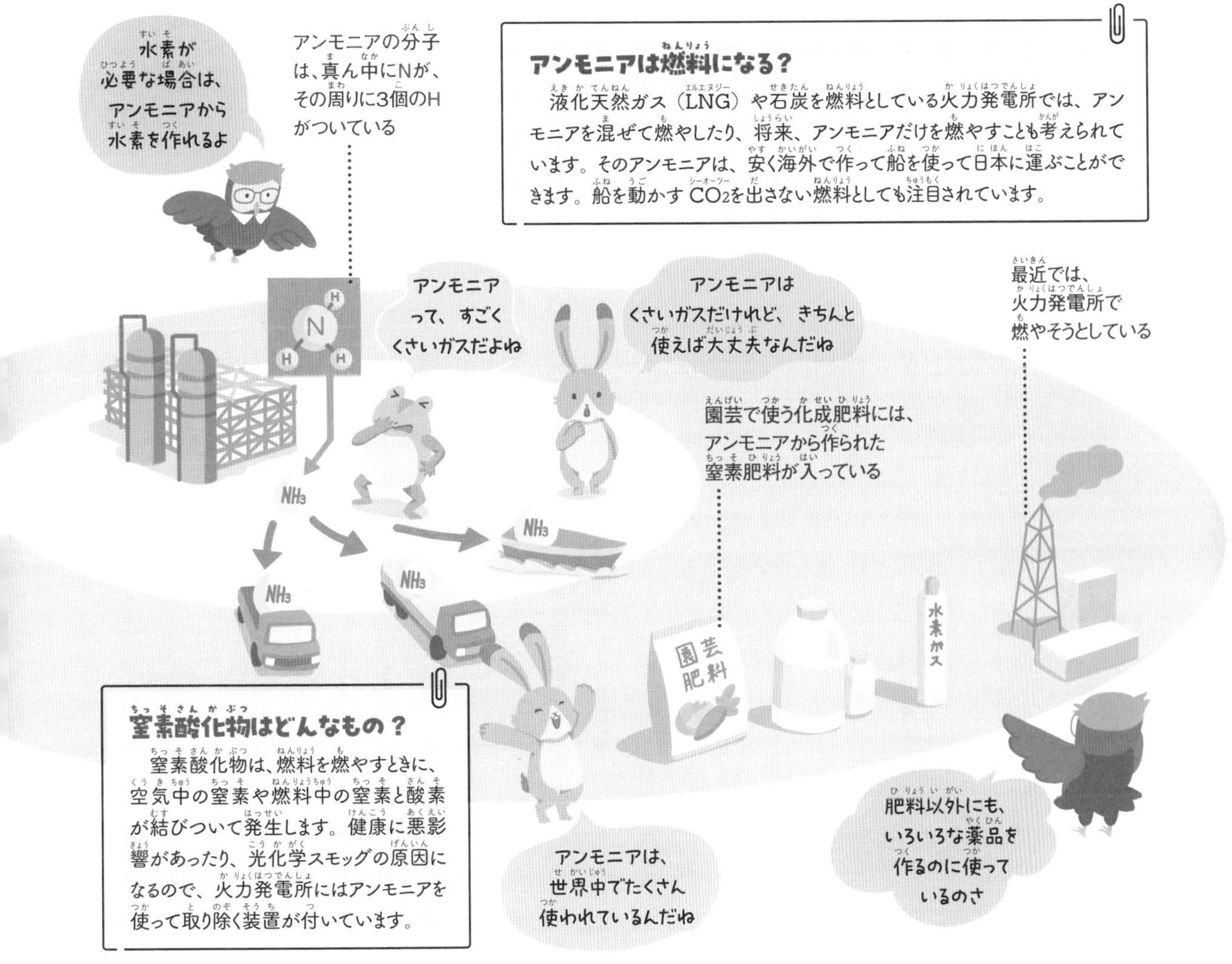

窒素酸化物はどんなもの？

窒素酸化物は、燃料を燃やすときに、空気中の窒素や燃料中の窒素と酸素が結びついて発生します。健康に悪影響があったり、光化学スモッグの原因になるので、火力発電所にはアンモニアを使って取り除く装置が付いています。

水素を運ぶのに便利なアンモニアは、今も化学工場で、水素と窒素から作っています。アンモニアから水素を取り出すこともかんたんにできます。アンモニアには、特有の強い刺激臭があって毒性がありますが、きちんと管理すれば大丈夫です。

アンモニアは、尿素という窒素肥料を作るのに使うだけではなく、いろいろな薬品の製造や、発電所では排煙中の窒素酸化物を取り除くために使われています。

アンモニアは、水素を運ぶ手段になります。水素と同じように燃やしてもCO_2が発生しないので、火力発電所の燃料としても注目されています。

コラム

それぞれ作り方が違うんだよ

水素はカラフル

水素を作る方法で呼び方も変わる？

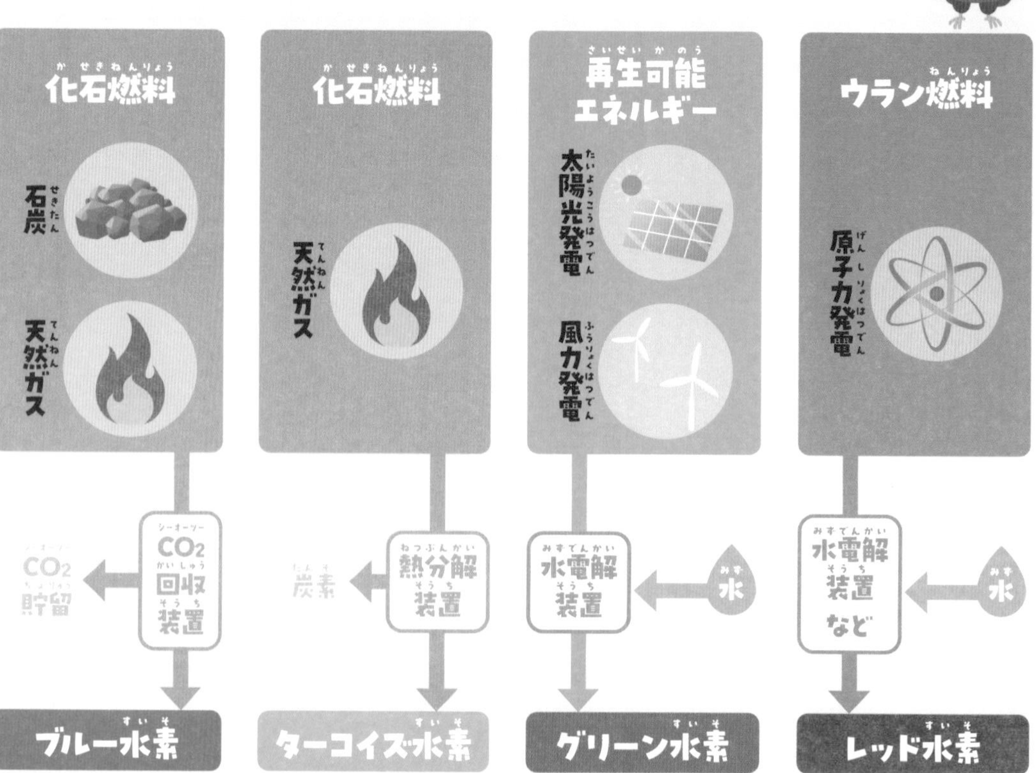

化石燃料
石炭
天然ガス
CO2回収装置
CO2貯留
ブルー水素
化石燃料
天然ガス
熱分解装置
炭素
ターコイズ水素
再生可能エネルギー
太陽光発電
風力発電
水電解装置
水
グリーン水素
ウラン燃料
原子力発電
水電解装置など
水
レッド水素

現在は、石炭や天然ガスに蒸気を加えて高温にして水素を作っています。そのときに CO_2 が出ます。カーボンニュートラルを目指すために、CO_2 を出さずに水素を作る技術が開発されています。

グリーン水素は再生可能エネルギーから作られた電力を使って、水を電気分解して作った水素です。対してブルー水素は、天然ガスなどを原料として水素を作るときに、発生する CO_2 を大気に出ないようにして作った水素です。天然ガスが安く、CO_2 を貯留できる国で作る必要があります。また、天然ガスを高温で水素と炭素に分解する方法もあり、この水素をターコイズ水素と呼びます。ターコイズはトルコ石のことで、ブルーより鮮やかな色だからでしょうか。そのときにできる炭素は固体なので、CO_2 に比べて貯めて置きやすいですね。

再生可能エネルギー電力の代わりに、原子力発電の電力を使う場合は、レッド水素（パープル水素、ピンク水素と呼ぶこともあります）と呼びます。

水素の作り方によってさまざまな色がつけられています。

4章

CO_2を回収して利用しよう

01 工場から出るCO2はどうやって回収するの？

CO2回収装置で排煙から回収する

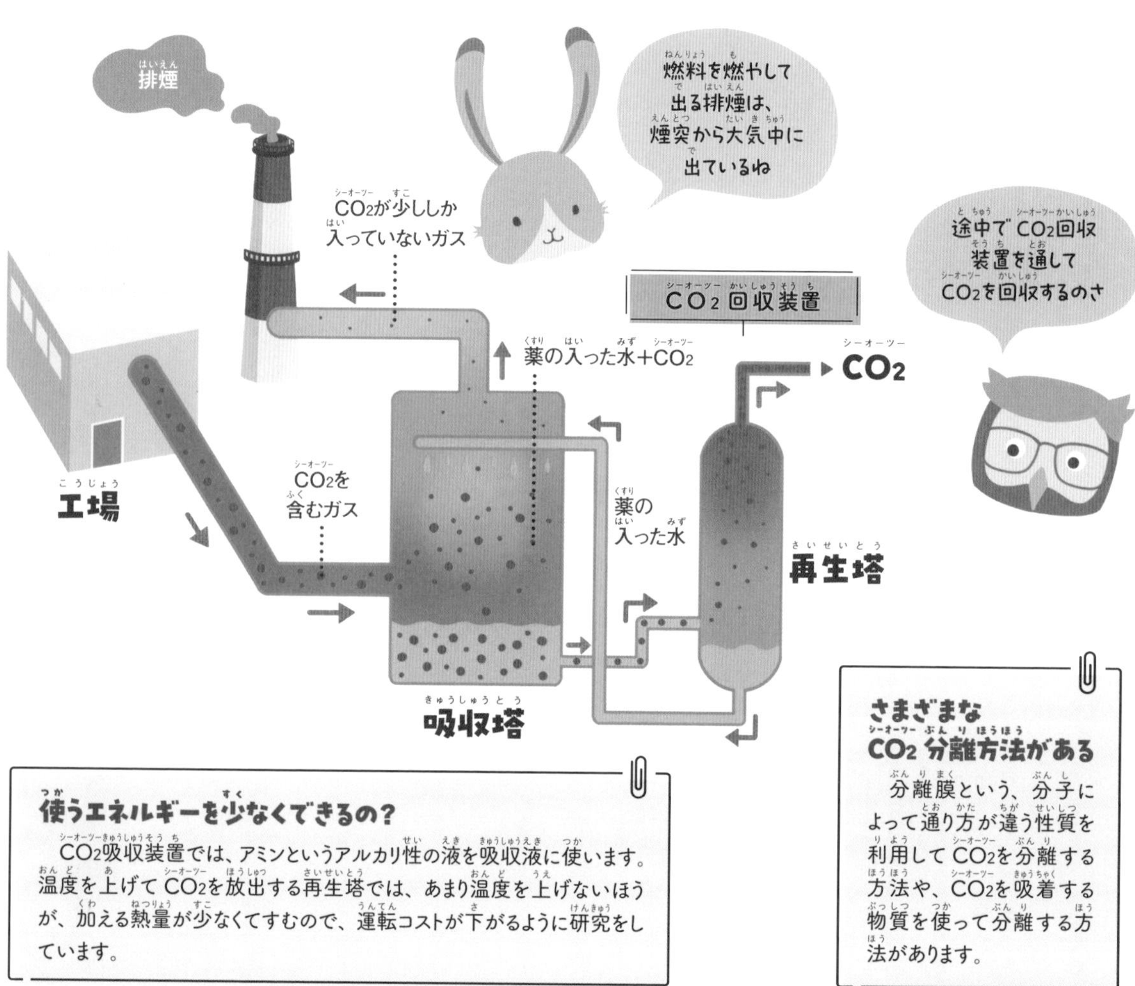

排煙
燃料を燃やして出る排煙は、煙突から大気中に出ているね
途中でCO2回収装置を通してCO2を回収するのさ
CO2が少ししか入っていないガス
CO2回収装置
薬の入った水＋CO2
CO2
CO2を含むガス
薬の入った水
工場
再生塔
吸収塔

使うエネルギーを少なくできるの？

CO2吸収装置では、アミンというアルカリ性の液を吸収液に使います。温度を上げてCO2を放出する再生塔では、あまり温度を上げないほうが、加える熱量が少なくてすむので、運転コストが下がるように研究をしています。

さまざまなCO2分離方法がある

分離膜という、分子によって通り方が違う性質を利用してCO2を分離する方法や、CO2を吸着する物質を使って分離する方法があります。

発電所では電気をおこすのに燃料を燃やします。工場では、高温の蒸気や熱を得るのに燃料を使います。これら燃料を燃やして出る排煙からCO_2を回収するには、煙突の手前にCO_2回収装置をつけます。

排煙をこの装置に迂回させて、そこでCO_2を吸収する液（吸収液）を降らせている竪型の容器（吸収塔）を通して、CO_2を除去します。

CO_2を除いたガスは、煙突に戻して大気に出します。CO_2を吸収した液は、再生塔で温度を上げて、CO_2だけを放出して回収します。こうすることで、排煙の中の90％以上のCO_2を回収できます。

02 大気中からCO_2をなぜ回収するの？

大気中にあふれている温室効果ガスを減らしたい

回収できないCO_2やメタンの分を大気から回収しなければいけないんだな
発電所や工場から出るCO_2をすべて回収するのは難しいよね…
動くものからCO_2を回収して貯蔵するのも難しいね…

CO_2が出ない自動車や飛行機の燃料

自動車や飛行機、船を動かすには、CO_2が出ない燃料や電気を使う方法があります。電気自動車（BEV）や水素で動く燃料電池自動車（FCV）がそうですね。水素や電気で飛ぶ飛行機も開発中です。

CO_2やメタンを大気から回収する？

温室効果ガス（GHG）の1つであるメタンは、稲作や畜産、ゴミの埋め立て処分からも出ます。牛のゲップだけではありません。これらを減らす努力をしていますが、大幅に減らすのは難しいのです。そこで、回収が難しいメタンの代わりに大気からCO_2を回収しようとしているのです。

自動車や船、飛行機では、動かすために燃料を燃やします。この燃料のほとんどは石油などの化石燃料なので、CO_2を排出します。このような動くものからCO_2を回収し、動くものの中に貯めておくことは難しいですね。なぜなら、動かすための燃料よりも出るCO_2のほうが、酸素がついているのでずっと重たいし、かさばるのです。

工場や火力発電所の排煙の中のCO_2を回収する場合も、100%すべてを回収するのは難しく、少しは大気に出てしまいます。また、日常生活の中でも、少しずつ排出されるCO_2を完全に回収するのは難しいのです。このほかに、温室効果ガス（GHG）には回収が難しいメタンもあります。

03 大気中のCO_2を減らす方法はあるの？

ネガティブ・エミッション技術という方法がある

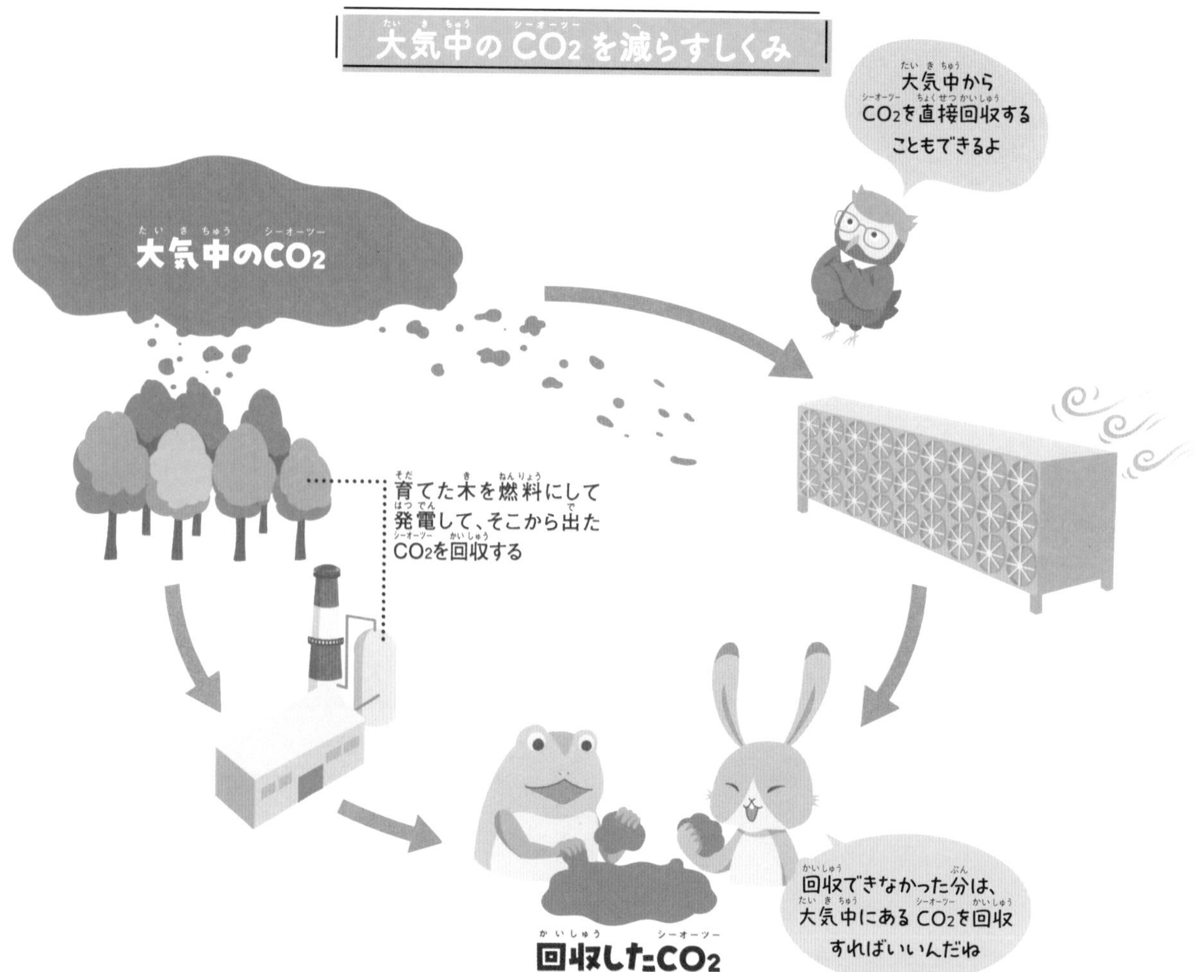

大気中のCO_2を減らすしくみ
大気中からCO_2を直接回収することもできるよ
大気中のCO_2
育てた木を燃料にして発電して、そこから出たCO_2を回収する
回収できなかった分は、大気中にあるCO_2を回収すればいいんだね
回収したCO_2

カーボンニュートラルを実現するには、回収が難しいCO_2やメタンと同じくらいのCO_2の量を、大気などから回収することが必要です。大気中のCO_2を回収するには、どのような方法があるでしょうか？

木や植物を燃やして出るCO_2を回収したり、DAC（直接空気回収）という技術を使って、大気中のCO_2を直接、回収することが考えられています。

植物は、大気中のCO_2を吸収して育つので、育った植物を燃やして出たCO_2を回収すれば、大気からCO_2を回収したことと同じです。

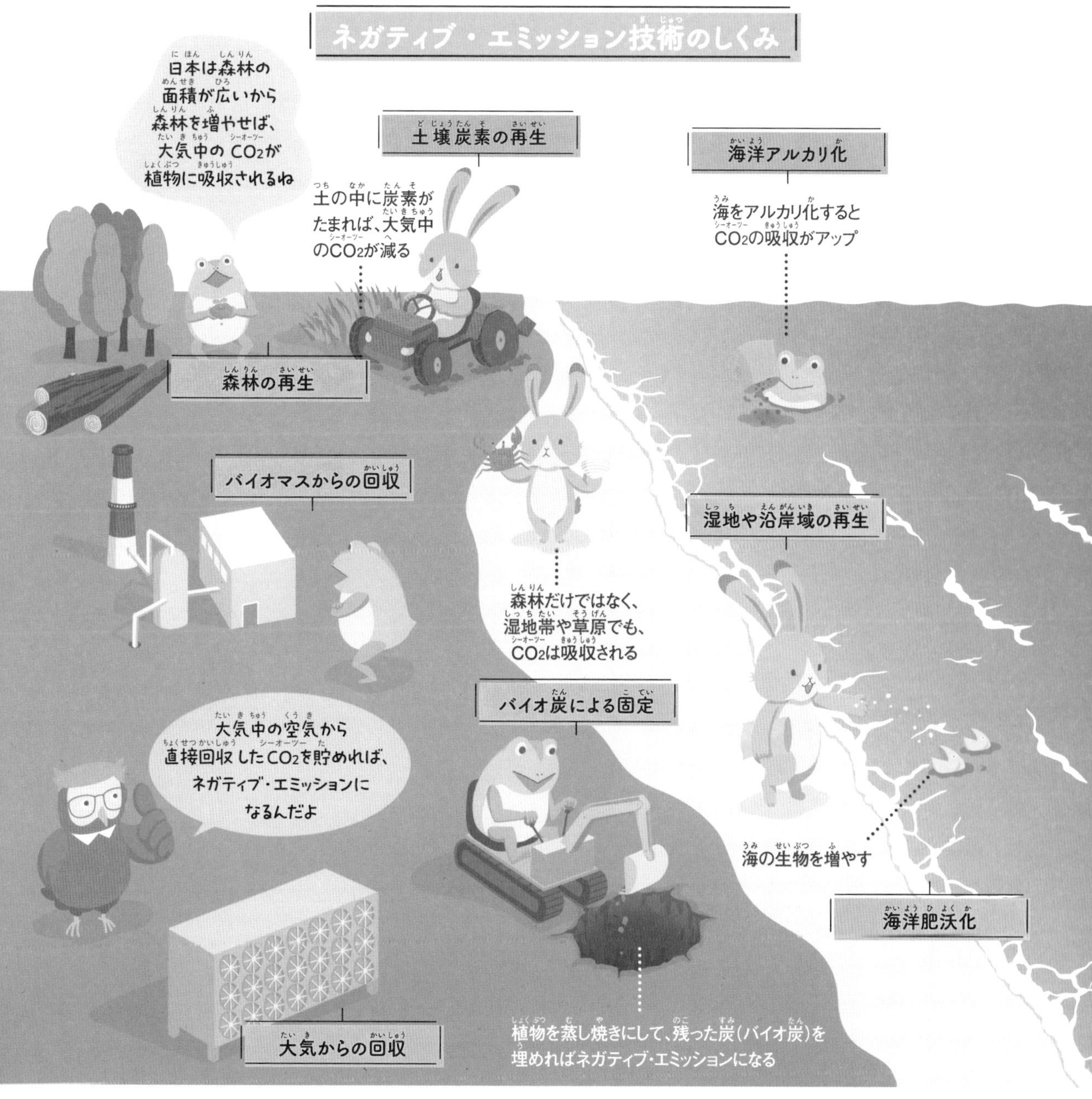
ネガティブ・エミッション技術のしくみ
日本は森林の面積が広いから森林を増やせば、大気中のCO2が植物に吸収されるね
土壌炭素の再生
土の中に炭素がたまれば、大気中のCO2が減る
海洋アルカリ化
海をアルカリ化するとCO2の吸収がアップ
森林の再生
バイオマスからの回収
湿地や沿岸域の再生
森林だけではなく、湿地帯や草原でも、CO2は吸収される
バイオ炭による固定
大気中の空気から直接回収したCO2を貯めれば、ネガティブ・エミッションになるんだよ
海の生物を増やす
海洋肥沃化
大気からの回収
植物を蒸し焼きにして、残った炭(バイオ炭)を埋めればネガティブ・エミッションになる

このような技術は、ネガティブ・エミッションと呼ばれます。ネガティブは、負（マイナス）の意味なので、排出の意味のエミッションと組み合わせて、排出されたCO_2（エミッション）を取り込んで減らす（マイナス）ことを表しています。このほかのネガティブ・エミッション技術には、自然のメカニズムを利用した方法（森林の再生、土壌炭素の再生、海洋肥沃化、湿地や沿岸域の再生）、技術的な方法（大気からの回収、海洋アルカリ化）、自然と技術を組み合わせた方法（バイオマスからの回収、バイオ炭による固定）があります。

04 CO_2はなにに使われているの？

CO_2は昔から産業で使われている

温室にCO_2を入れて、温室中のCO_2の濃度を高くして、トマトやレタスの成長を早めるために使う

鋼を作る工場では、高温の鉄を伸ばしたりするときに、空気に触れるのを防ぐために CO_2を使うのさ

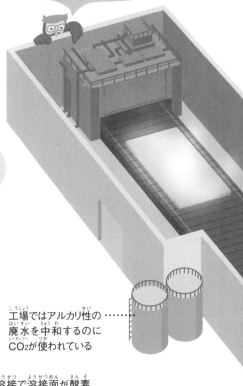

ドライアイスは、アイスクリームを買ったときについてくる冷たい白い塊だよね

炭酸飲料にはCO_2が入っているよ

工場ではアルカリ性の廃水を中和するのにCO_2が使われている

アーク溶接ってどういうもの？

アーク溶接とは、アークと呼ばれる放電現象を使って高温を発生させて金属同士を接着させる方法。放電の安定化と金属表面の保護のために、CO_2を使います。

アーク溶接で溶接面が酸素に触れないようにCO_2を使って表面をおおう

回収した CO_2はどうするのでしょうか。

日本では、CO_2は以前から年間 100万トンも使われているのです。

その用途もさまざまです。その中でも、工場で鉄同士をつなげるアーク溶接をする際に使う量がもっとも多いのです。その次は、コーラなどの炭酸飲料用、冷却用ドライアイスが続きます。でも、これらを使うと、CO_2は大気中に出てしまうので、CO_2の排出を減らしたことにはなりません。

CO_2を減らすには、CO_2が大気に逃げてしまわない CO_2回収・貯留（CCS）（p.76）のような方法が必要です。

05 CO_2をどうやって運ぶの？

液体や圧縮したガスにして運ぶ

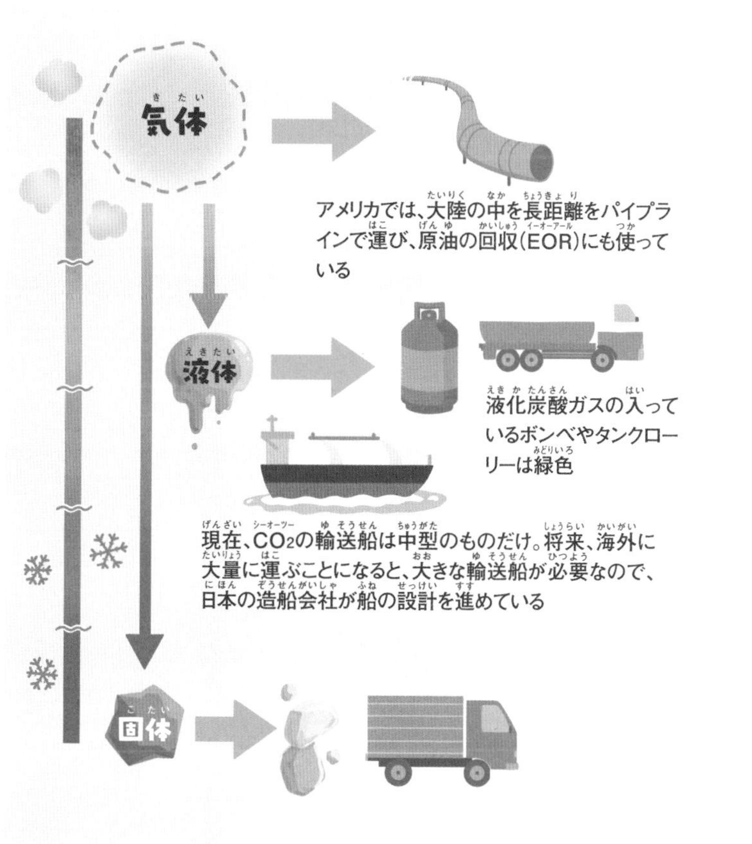
気体
アメリカでは、大陸の中を長距離をパイプラインで運び、原油の回収（EOR）にも使っている
液体
液化炭酸ガスの入っているボンベやタンクローリーは緑色
現在、CO2の輸送船は中型のものだけ。将来、海外に大量に運ぶことになると、大きな輸送船が必要なので、日本の造船会社が船の設計を進めている
固体

いろんな運び方があるんだね
いっぱい運ぶならパイプラインや船がいいのかな
ドライアイスは固体だから、かんたんにトラックで運べるよ

CO_2は常温では気体です。－60℃くらいに冷やすと固体であるドライアイスになります。そこまで冷やさずに、圧力をかけると液体になり、液化炭酸ガスと呼びます。

液体にすると、タンクローリーやタンクのついたトレーラで輸送しやすくなります。ヨーロッパでは、船でも輸送しています。近い距離の場合には、圧縮したガスをパイプラインで輸送しています。今でも、石油の製油所で発生したCO_2を近隣の液化炭酸ガス工場に、パイプラインで送っています。

06 回収したCO2はどこに貯めておくの？

はなれている場所に貯めるときは、船で運ぶこともあるのさ

地下に貯めておく

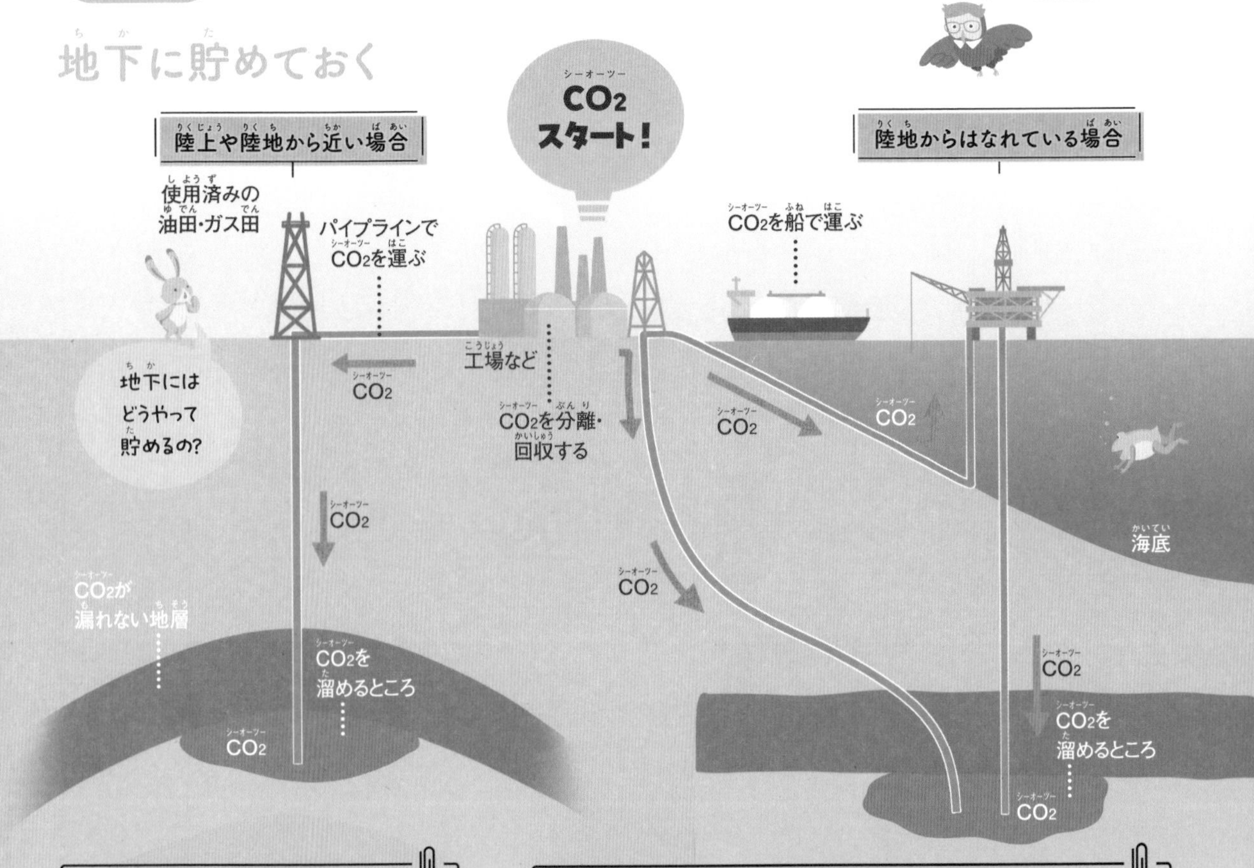

CO2 スタート！
陸上や陸地から近い場合
陸地からはなれている場合
使用済みの油田・ガス田
パイプラインでCO2を運ぶ
CO2を船で運ぶ
工場など
CO2を分離・回収する
地下にはどうやって貯めるの？
CO2
CO2が漏れない地層
CO2を溜めるところ
海底

CCSってなんだろう？

CO2を地下に貯める方法の1つです。日本語では、二酸化炭素回収・貯留といいますが、CCSと普通に呼ばれます。

CCSを行っているプロジェクトはあるの？

欧米では年間で100万トン以上の大規模なプロジェクトが実施されています。日本では、北海道の苫小牧で30万トンのCO2を貯留しました。

カーボンニュートラルを目指すには、今、利用しているCO2の量に比べて、はるかに多い量のCO2が大気に出ないようにする必要があります。日本では、年間で11億トン、世界では300億トン以上を減らさなければなりません。

CO2を減らす方法の1つが、CCSと呼ばれるCO2を地下の地層に貯める方法です。地中の帯水層という、砂の隙間に水が溜まっている地層や、地下の油田やガス田で、油やガスの生産がほとんど終わった地層に注入します。

陸地に適した場所があるといいのですが、日本では周辺海域に適切な場所がないか、調査をしています。

07 CO_2は油の生産にも使われているの？

CO_2を入れて原油を出しやすくする

砂の中の原油をどうやって回収するの？

油層の中では、油分は砂礫（砂利よりも細かいもの）の表面や細孔内に付着しています。CO_2を入れると、油分が溶けて、小さい粒になります。水をCO_2と交互に注入して、CO_2とともに、油を移動させて、油を回収します。

CO2
スタート！

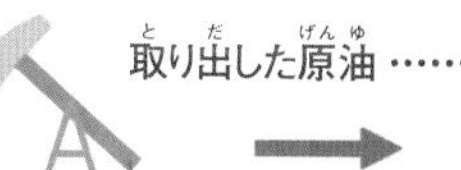

3 戻ってきたCO2は、また入れ直す
取り出した原油
1 CO2を油層に注入する
2 注入したCO2は、原油と一緒に地上に戻ってくる
4 CO2 の一部は地下に残るので、CO2 を貯めたことになる。その分、あらたなCO2を入れる
CO2を運んできて、油の層がある地下に入れるんだ。そうすると、油分が溶けて地下の油を取り出せるんだ
原油って、穴を掘れば勝手に出てくるのかと思っていたよ
どこでもできるわけではないんだ
アメリカはこの方法で出やすい場所が多いんだよ

アメリカでは、油田の地下にある油層にCO_2を注入することで、原油を採りやすくする原油増進回収（EOR）という方法を使っています。

原油は、中東やアメリカなどの特定の地域の地下の地層に貯まっています。生産を開始したころは、地中の圧力で油が自然に地上に出てきますが、だんだんと出にくくなり、スチームや水を注入して押し出します。その後、CO_2を注入すると、原油が出やすくなり、入れたCO_2の一部は地層に残ります。できるだけ多くの油を回収するための技術で、三次回収と呼ばれています。

08 コンクリートはCO_2を吸ってくれるの？

アルカリ性の特性でCO_2を吸収する

ビルや橋の土台は、コンクリートに鉄筋が入っていて、CO_2を吸わせるとその鉄筋がさびやすくなる。鉄筋を使わないコンクリートに向いている
コンクリートはCO_2を吸ってくれるんだね
セメントを使ってコンクリート製品を作るときに、CO_2を吹き込んで、中性にするのを早める技術が開発されている
ビルを解体して出たコンクリートを細かくしてCO_2を吸わせることができる

酸性・中性・アルカリ性ってなんだろう？

レモンは酸性、コンクリートはアルカリ性など、物質の性質のことです。pHという単位で強さを表します。水素イオン（H^+）と水酸化物イオン（OH^-）が釣り合っている状態が中性で、水素イオンが多いと酸性、水酸化物イオンが多い場合がアルカリ性です。

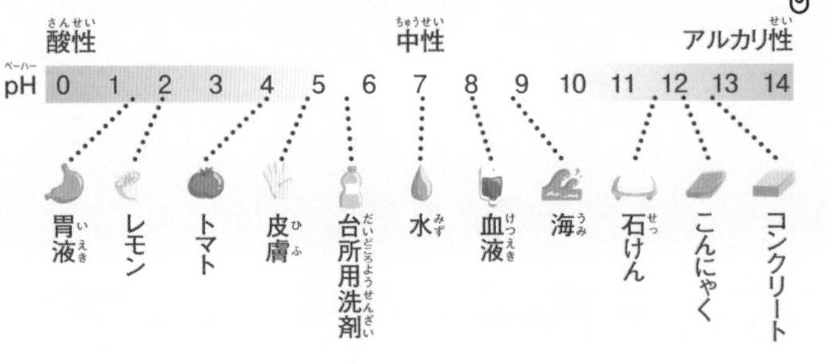

酸性
中性
アルカリ性
pH 0 1 2 3 4 5 6 7 8 9 10 11 12 13 14
胃液
レモン
トマト
皮膚
台所用洗剤
水
血液
海
石けん
こんにゃく
コンクリート

コンクリートは、セメント、水、砂や砂利を混ぜて、しばらく置いて固まったものです。ビルや住宅を建てるだけではなく、橋やダムの基礎、ブロックやテトラポットなど、いろいろなところで使われています。

コンクリートはアルカリ性ですが、大気中のCO_2と反応して、ゆっくりと中性に近づきます。何十年経っても、まだ、アルカリ性の部分が残っていてCO_2を吸収する力があるのです。

そこで、ビルなどを解体して出たコンクリートにCO_2を吸わせることが考えられています。

09 CO_2から燃料や化学品が作れるの？

水素と反応させて作る

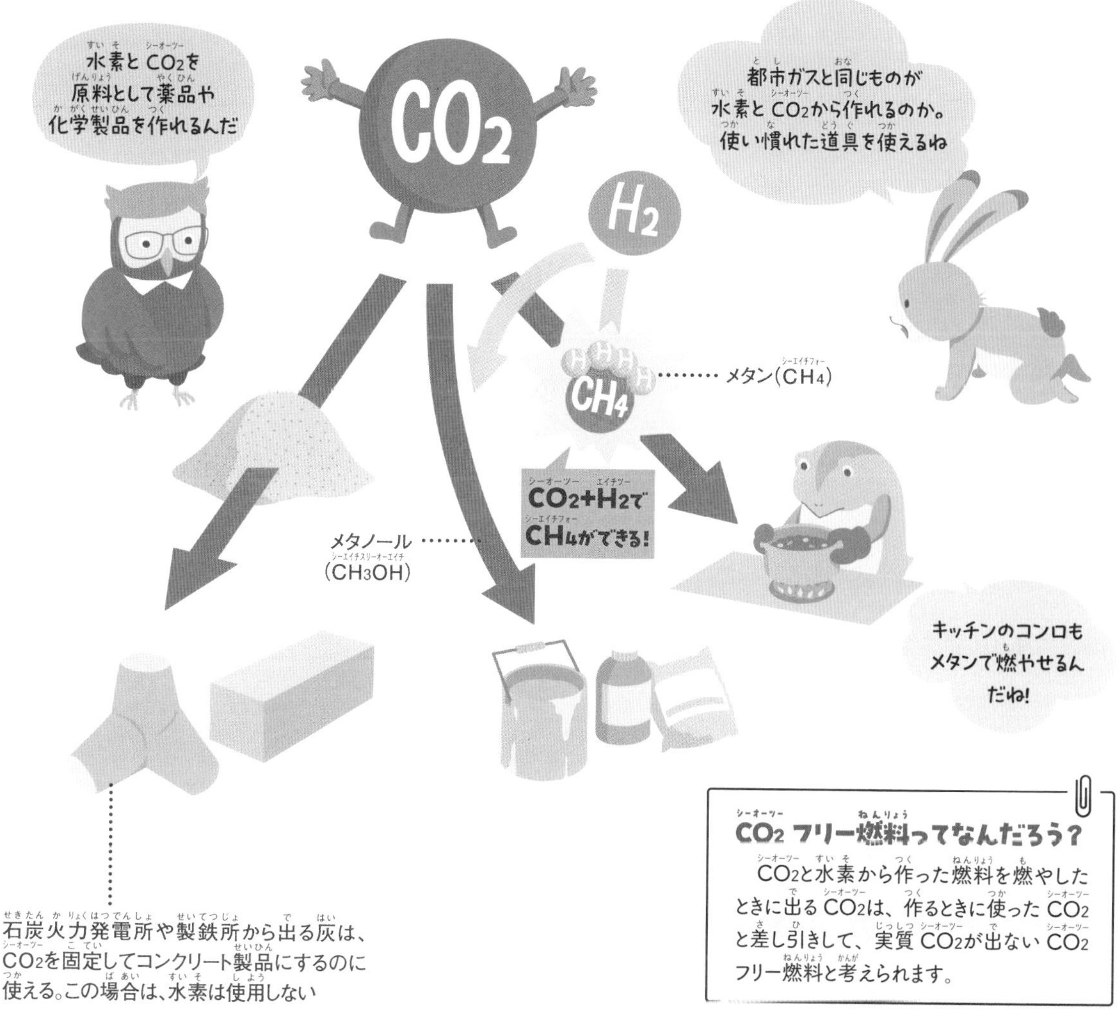

水素とCO_2を原料として薬品や化学製品を作れるんだ

都市ガスと同じものが水素とCO_2から作れるのか。使い慣れた道具を使えるね

CO_2

H_2

CH_4 …… メタン(CH_4)

CO_2+H_2でCH_4ができる!

メタノール ……(CH_3OH)

キッチンのコンロもメタンで燃やせるんだね!

石炭火力発電所や製鉄所から出る灰は、CO_2を固定してコンクリート製品にするのに使える。この場合は、水素は使用しない

CO_2フリー燃料ってなんだろう？

CO_2と水素から作った燃料を燃やしたときに出るCO_2は、作るときに使ったCO_2と差し引きして、実質CO_2が出ないCO_2フリー燃料と考えられます。

水素を使うと、CO_2と反応させて、いろいろな燃料や化学品が作れます。

たとえば、メタンという都市ガスのおもな成分や、メタノールという、化学製品の原料や燃料になる物質が作れます。このようにしてメタンを作れば、都市ガスの燃料を替えずに、いま、使っている暖房や調理器具が使えます。また、メタノールからは、今まで石油化学工業で使っていた原料を製造できます。もちろん、燃料として火力発電所で燃やすこともできます。そのためには、水素を安く作る必要があります。

10 メタノールってなに？

燃料やさまざまな化学品の原料

メタノールはさまざまなものの原料になるの？

メタノールからホルムアルデヒドや酢酸が作られています。これらは合成繊維、接着剤、塗料、農薬、医薬品の原料になります。

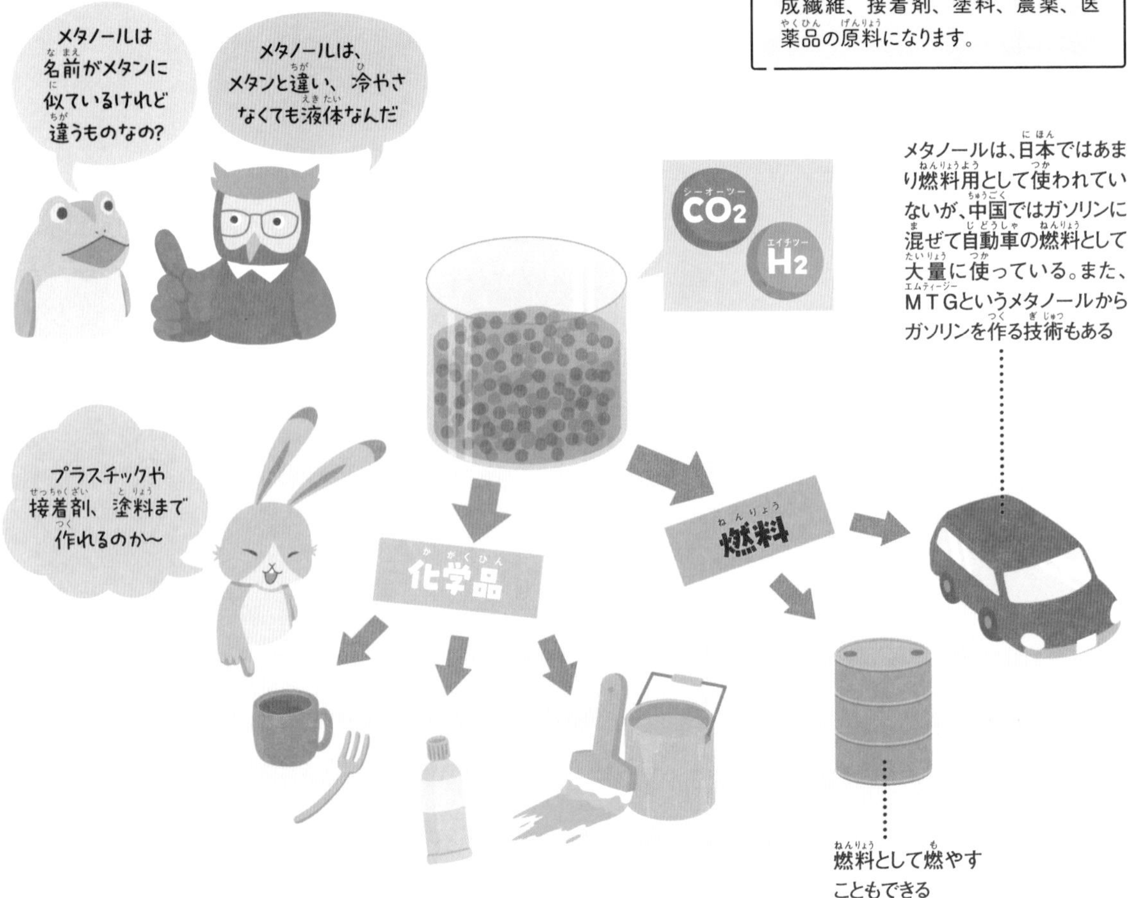

メタノールは名前がメタンに似ているけれど違うものなの？
メタノールは、メタンと違い、冷やさなくても液体なんだ
プラスチックや接着剤、塗料まで作れるのか〜
CO_2
H_2
化学品
燃料
メタノールは、日本ではあまり燃料用として使われていないが、中国ではガソリンに混ぜて自動車の燃料として大量に使っている。また、MTGというメタノールからガソリンを作る技術もある
燃料として燃やすこともできる

メタノールは、アルコールの一種で世界で年間1億トンが使われています。燃料やさまざまな化学品の原料になります。日本では、生産しておらず、年間で約180万トンを輸入しています。液体なのでタンカーで運んでくることができます。

今は、石炭や天然ガスから水素（H_2）や一酸化炭素（CO）からなるガスを作り、メタノールを作っています。CO_2と水素（H_2）からも作れます。

このようなメタノールをCO_2から作れば、いろいろな燃料や化学品がCO_2を排出しない（CO_2フリー）ものになります。

11 メタネーションってなにをするの？

水素とCO、CO_2からメタンを作る

オーストラリアやカタールでは、太陽光発電で電力をたくさん作れるから、水素も安く作れるんだ

CH_4

回収したCO_2と水素からメタンを作れるんだね
LNGプラント

運んで来たLNGは、都市ガスや工場で使えるね
メタネーションで作ったメタンはLNGにして日本に運ばれ、国内のLNG受け入れ基地に入れる
LNG受け入れ基地

日本はどこから輸入しているの？

日本は、年間約7,200万トンのLNGをオーストラリア、カタール、マレーシアなどから輸入しています。日本は中国とともに世界で最大量の輸入国です。輸出国にある天然ガスからLNGとするプラントは、ほとんどが日本の会社が設計、建設したものです。

メタンはどうやって作られるの？

CO_2と水素からメタンを作る反応は、メタネーションの一種でサバティエ反応と呼ばれていて、回収したCO_2を燃料とする方法として注目されています。安く水素ができる海外で、その反応を使ってメタンを作ろうとしています。その場合、日本には、冷やして液体（LNG）にして運ぶのが便利です。

メタネーションとは、水素と一酸化炭素（CO）やCO_2からメタンを作る反応のことをいいます。石油コンビナートでは、天然ガスや軽い油から水素を作るときにできるCOをなくすために使われてきました。

メタンは、天然ガスのおもな成分です。天然ガスを冷やして液体にした液化天然ガス（LNG）を海外から運んで来て、日本で貯蔵し、発電所や都市ガス会社が使っています。

オーストラリアやカタールのように、LNGプラントがあるところでは、メタネーションで作ったメタンを、天然ガスとともにLNGにして日本に運んでくることも考えられます。

コラム

グリーンカーボンとブルーカーボン

グリーンとブルーは何のこと？

ブルーカーボンに
適した海岸を
大切にしよう

炭素ってどんな物質なの？

炭素は元素の1つで、石炭やダイヤモンドも炭素から作られた物質です。二酸化炭素（CO_2）は炭素の酸化物で、炭素を燃やすことで空気中の酸素と結合して二酸化炭素が作られます。

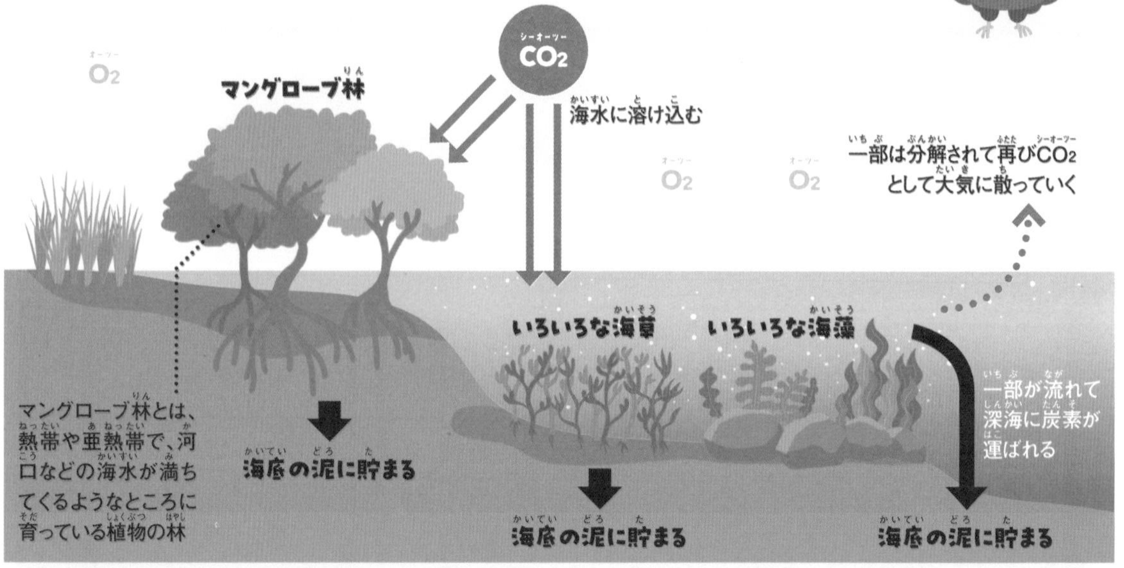
CO_2
O_2
マングローブ林
海水に溶け込む
O_2
O_2
一部は分解されて再びCO_2
として大気に散っていく
いろいろな海草
いろいろな海藻
一部が流れて
深海に炭素が
運ばれる
マングローブ林とは、
熱帯や亜熱帯で、河
口などの海水が満ち
てくるようなところに
育っている植物の林
海底の泥に貯まる
海底の泥に貯まる
海底の泥に貯まる

カーボンはそもそも炭素（カーボン）のことですが、その中でもどこに貯まるかで色の名前が付いています。

陸上の草や木は、光合成によってCO_2を植物の一部となる有機物にして貯めます。グリーンカーボンは、その草木が貯めた炭素のことをいいます。それに対して、ブルーカーボンは、大気中のCO_2が海中に吸収されて貯まる炭素のことです。

海に吸収されたCO_2は、陸から近い海に広がる海草（アマモなど）や海藻（ノリ、ワカメ、コンブなど）が育っている場所やマングローブの林では、光合成により植物の一部になります。そのあと、海底に貯まって固定されるのです。

ブルーカーボンはグリーンカーボンに比べてCO_2を吸収する力が強く、グリーンカーボンよりたくさんのCO_2を吸収するといわれています。また、海底の泥に貯まったブルーカーボンは、長い間、海底にとどまっています。ただし、最近では海に吸収されるCO_2が多すぎて海が酸性になり、生態系などに影響が起きはじめています。

5章

カーボンニュートラルを実現しよう

01 日本はエネルギーをこれからも安心して輸入できるの？

いろいろな国から輸入する
中東
中東は原油やLNGだけではない
中東では、グリーン水素（p.68）やブルー水素（p.68）、水素から作ったアンモニアやメタノール（p.80）も安く生産できる。ただ、原油と同じように、運ぶ航路にチョークポイント（p.31）があるので注意
チョークポイント
中東やオーストラリア以外からもエネルギーを輸入できないのかな?
原油やLNGは、このシーレーンを通って日本に来ているんだね
これからは水素やアンモニアも運んで来れるかもしれないね
アフリカ
アフリカには鉱物資源もある
アフリカは再エネの資源が豊富。コバルトのような再エネの設備を作るのに貴重な鉱物資源（p.108）もある

日本では、今まで石油、石炭、天然ガスをある程度の割合で輸入してきました。エネルギーセキュリティを確保するために、石油は250日分を備蓄しています。

カーボンニュートラルを実現するには、再エネが必要ですが、日本の国内だけで、妥当な価格で確保するには十分ではありません。

海外から安全に安心して買ってくる必要があり、再エネが豊富で信頼できるいくつかの国から、再エネで作ったエネルギーを安全に運んでこなければならないでしょう。そのためには、シーレーンの確保も必要で、エネルギーセキュリティーについても考えておかないといけないのです。

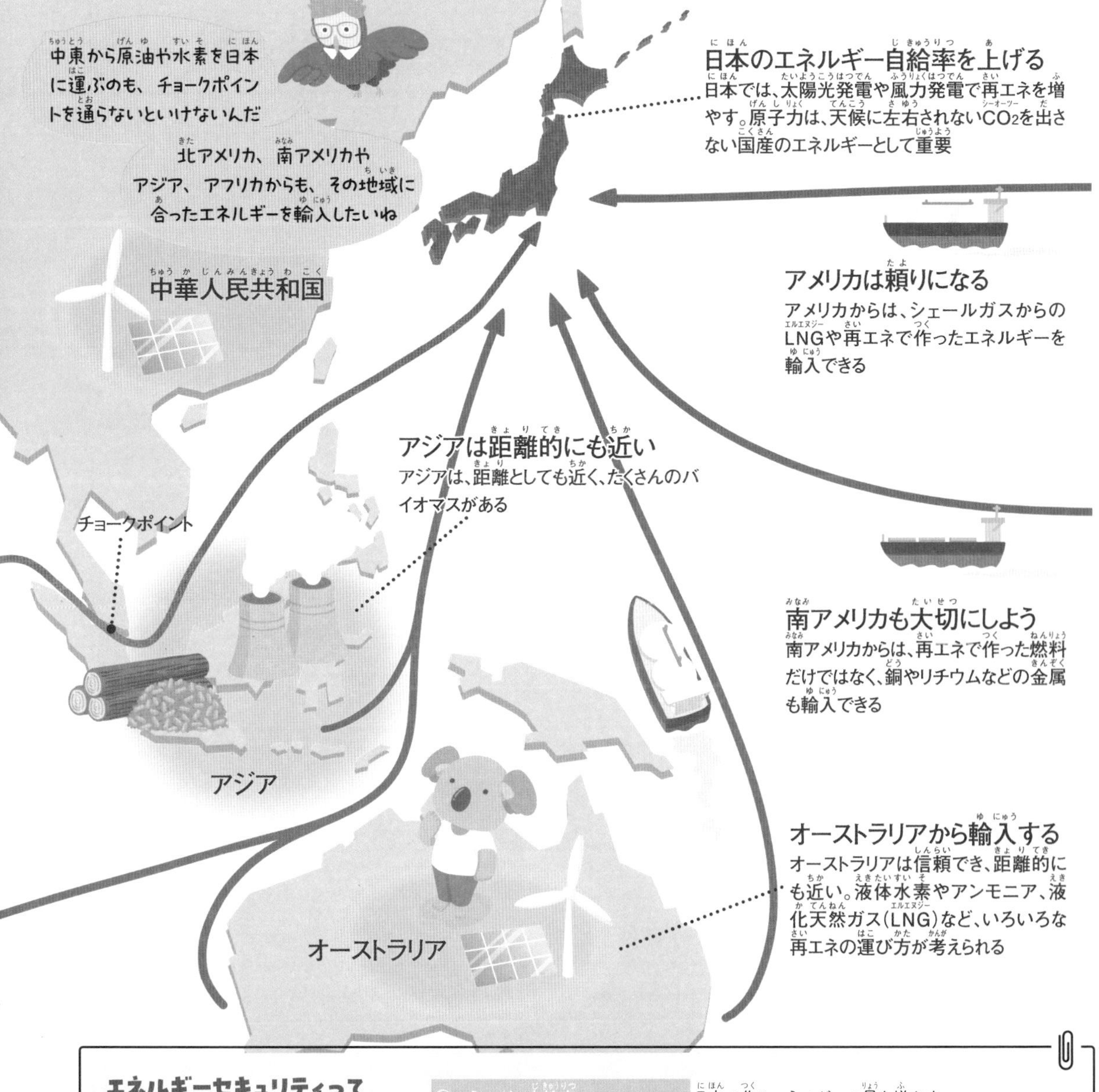

中東から原油や水素を日本に運ぶのも、チョークポイントを通らないといけないんだ
北アメリカ、南アメリカやアジア、アフリカからも、その地域に合ったエネルギーを輸入したいね
中華人民共和国
チョークポイント
アジア
オーストラリア

日本のエネルギー自給率を上げる
日本では、太陽光発電や風力発電で再エネを増やす。原子力は、天候に左右されないCO_2を出さない国産のエネルギーとして重要

アメリカは頼りになる
アメリカからは、シェールガスからのLNGや再エネで作ったエネルギーを輸入できる

アジアは距離的にも近い
アジアは、距離としても近く、たくさんのバイオマスがある

南アメリカも大切にしよう
南アメリカからは、再エネで作った燃料だけではなく、銅やリチウムなどの金属も輸入できる

オーストラリアから輸入する
オーストラリアは信頼でき、距離的にも近い。液体水素やアンモニア、液化天然ガス(LNG)など、いろいろな再エネの運び方が考えられる

エネルギーセキュリティってなんのこと？

エネルギーセキュリティーは、エネルギー安全保障ともいいます。エネルギーを環境のことを考えながら、必要な量だけ、安定して手ごろな価格で継続して確保することです。

経済産業省が「エネルギー白書2021」で示しているエネルギーセキュリティーの指標は次のようになっています。

①エネルギー自給率	日本で作るエネルギーの量を増やす
②エネルギーの輸入先多様化	さまざまな国から輸入するようにする
③エネルギー源多様化	石油だけではなく、さまざまな燃料を輸入する
④チョークポイントリスクの低減度	チョークポイントを通らないルートを使う
⑤電力の安定供給能力	停電がおきないようにする
⑥エネルギー消費のGDP原単位	エネルギーを上手に使う
⑦化石燃料供給途絶への対応能力	石油などを緊急時に使えるように貯めておく
⑧蓄電能力	再エネのように発電量が変化しても電気を貯めておけるようにする
⑨サイバーセキュリティー対応度	サイバー攻撃からしっかり守る

02 世界でカーボンニュートラルを実現する方法は？

その国の事情にあわせて CO_2 を減らす

世界のカーボンニュートラルへの取り組み

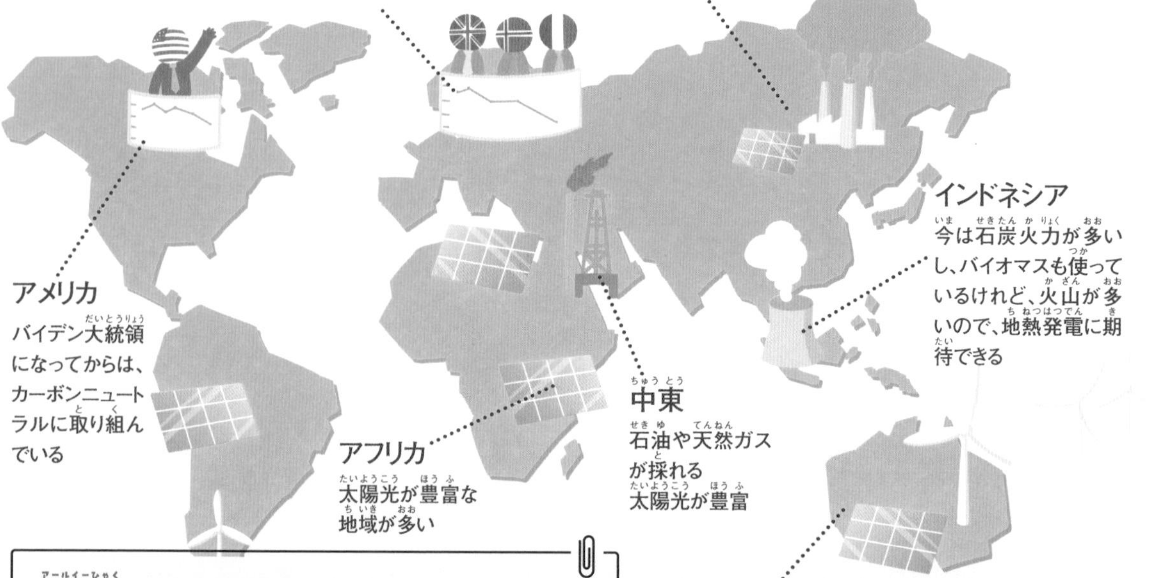

ヨーロッパ

EUは27カ国、そのほかにヨーロッパにはイギリスやノルウェーなど多くの国があり、それぞれの事情に合わせてCO_2を減らそうとしている。日本と大きく違い、フランスやドイツなどヨーロッパの国は、お互いに電気の系統がつながっていて、電気をやり取りしている

中国

CO_2の排出量がもっとも多い中国は、豊富な資源や広大な土地を使ってカーボンニュートラルを実現しようとしている

インドネシア

今は石炭火力が多いし、バイオマスも使っているけれど、火山が多いので、地熱発電に期待できる

アメリカ

バイデン大統領になってからは、カーボンニュートラルに取り組んでいる

中東

石油や天然ガスが採れる
太陽光が豊富

アフリカ

太陽光が豊富な地域が多い

オーストラリア

太陽光や風力など、豊富な再エネがあり、日本は仲良くしていきたいと考えている

RE100ってなんのこと？

世界では、再エネ電力だけを使うと宣言した会社が加盟しているRE100という取り組みがあります。世界では約400社が、日本は77社の会社（2023年1月現在）が加盟しています。

CO_2の排出量が多いのは、中国、アメリカ、欧州連合（EU）の順で、世界全体の半分より多いのです。

多くの国が、2050年までにカーボンニュートラルを実現すると宣言しています。しかし、中国は、2060年、インドは2070年までにというように、国により少し異なります。また、国によって、どんなエネルギーを使っているか、どんな再生可能エネルギー（再エネ）が豊富にあるのかが異なります。世界でカーボンニュートラルを実現するためには、SDGsの目標にあるように、世界の国々で協力していかなければいけないのです。

ヨーロッパの取り組み

北海のまわりの国

北海のまわりの国々（イギリス、オランダ、ベルギー、ノルウェーなど）では、北海で出る油や天然ガスを使ってきたが、コンビナート内で共同してCO_2を減らそうとしている。たとえば、CCS(p.76)で北海の海底下に回収したCO_2を貯留したり、風力発電の電気で水素を作りメタノールなどの燃料を作っている

ノルウェー

水力発電で国の電力をまかなっている。また、北海で産出する天然ガスの多くを輸出している。生産のときに出るCO_2はCCSで海底下に戻している

フランス

電力の70％を原子力発電に頼っている。また、世界と協力して未来のエネルギーといわれる核融合の実証試験を進めている

ドイツ

2022年には電力の50％弱が再エネ、30％が石炭火力。原子力発電を2023年には停止、また、石炭火力も2030年までに廃止しようとしている。ただ、ロシアから天然ガスを輸入できないとエネルギーの確保が難しい

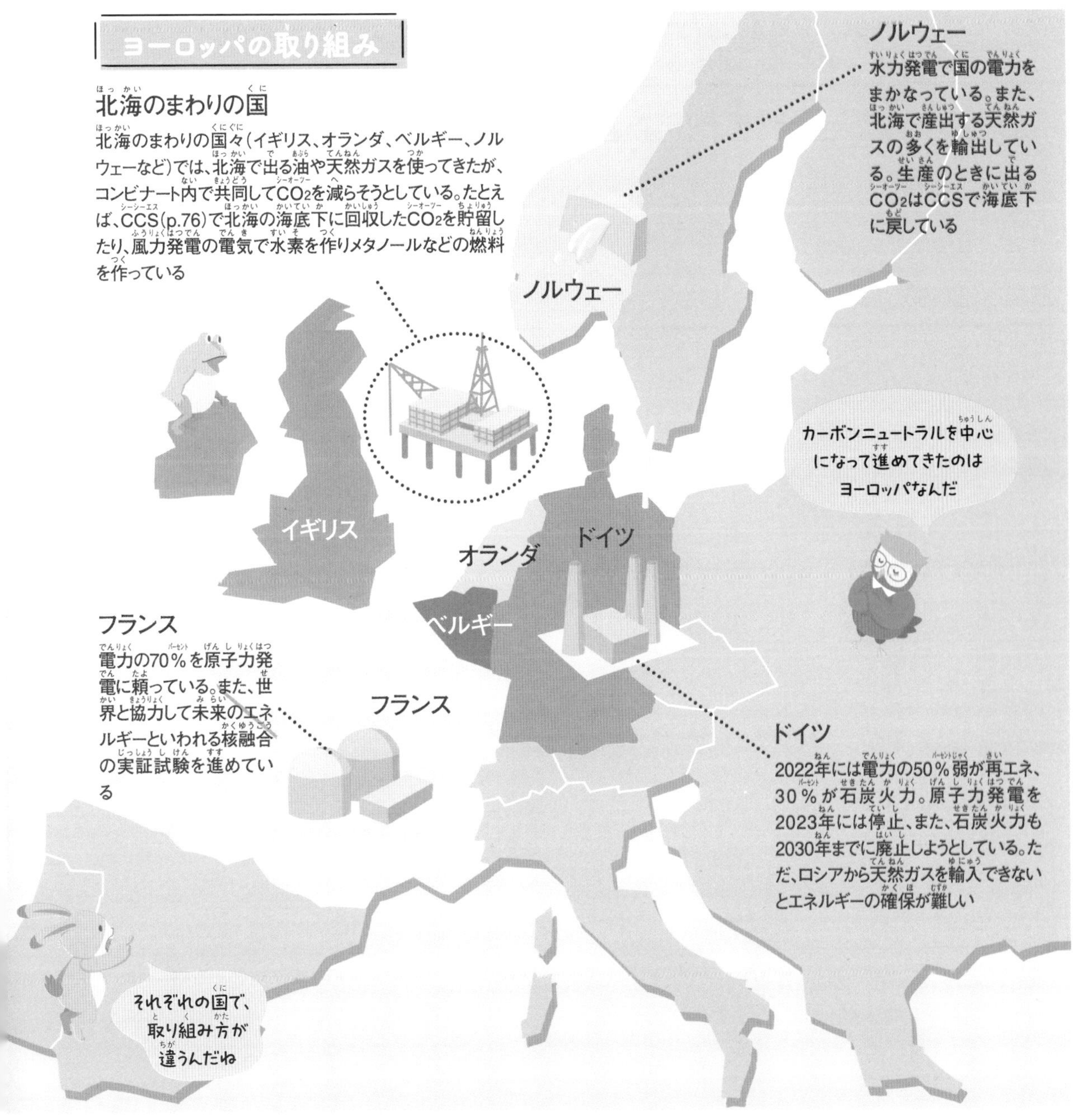

ノルウェー

イギリス

オランダ

ドイツ

ベルギー

フランス

カーボンニュートラルを中心になって進めてきたのはヨーロッパなんだ

それぞれの国で、取り組み方が違うんだね

カーボンニュートラルの動きは、ヨーロッパを中心に広がってきました。欧州連合（EU）を運営している欧州委員会は、2018年に、「2050年のカーボンニュートラル経済の実現を目指す戦略的長期ビジョン」を発表しました。

また、2035年にはCO_2を排出するガソリン自動車（ハイブリッド車：HV、プラグイン・ハイブリッド車：PHEVも含む）の新車販売を禁止するなど、自動車メーカーがバッテリー式電気自動車（BEV）への移行を進めています。世界中のどこよりも早く、化石燃料を使わずに生活できるような環境を整備する動きを加速しています。

アメリカと中国のカーボンニュートラルの取り組みは？

化石燃料を使いながら CO_2 も減らす

アメリカの取り組み

アメリカは広いから、太陽光発電や風力発電ができる場所がたくさんありそうだね

シェールガスやシェールオイルは、いろいろなところで生産しているんだ

石油採掘のときにCO_2を使っている(EOR: p.77)

メキシコ湾のようにCO_2を処分する(CCS: p.76)場所にもめぐまれている

アメリカはどんなところなの？

アメリカ合衆国（アメリカ）は、日本の約26倍の面積に3億人以上の人が住んでいます。東部は日本と同じように、寒いところから暑いところまであり、また、西部は地中海性気候で乾燥しています。中央部には、広い平原、砂漠、ロッキー山脈のような山々があります。

シェールオイルはどうやって採るの？

シェールオイルとは、シェールという油を含む岩石から取り出した油のことです。これまでの地下の油田から原油を採掘していた方法とは異なり、井戸を掘り、高圧の薬剤の入った水を注入して岩に割れ目を作り、染み出した油を回収します。シェールガスは、同じようにして回収したガスです。

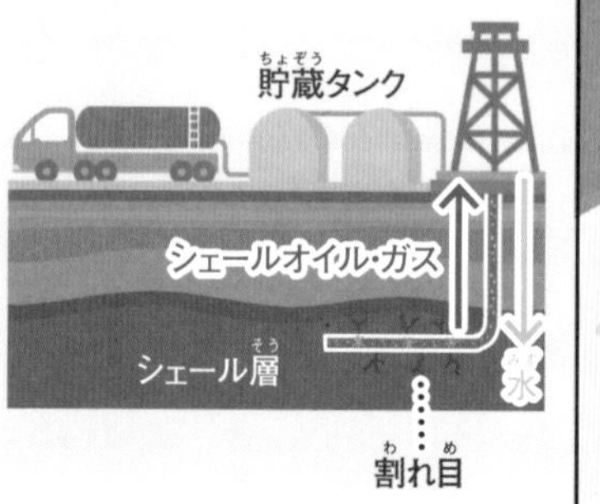
貯蔵タンク
シェールオイル・ガス
シェール層
水
割れ目

2021年1月までアメリカの大統領だったトランプ前大統領は、カーボンニュートラルに対して消極的でした。それは、シェールガスやシェールオイルが生産できるようになってからは、天然ガスや原油を輸出する国になったからです。

現在のバイデン大統領になってからは、2050年にカーボンニュートラルを目指しています。再エネ、原子力、水力、CCUS（CO_2有効利用）などすべてを使い、2035年までに電力をカーボンニュートラルにするといっています。カーボンニュートラルに向けて、インフレ抑制法※で巨額の予算を使い、研究や技術開発を積極的に進めています。

※インフレ(物価の上昇)をおさえながらエネルギー安全保障や気候変動対策を進めることを目的とした法律。例としてアメリカで部品の製造から組み立てまで行った電気自動車(EV)に補助金を支給するなど

中国の取り組み

中国はどんなところなの？

中国は、日本の約25倍の面積に14億人以上の人が住んでいます。東部は、肥沃な低地が広がっていて、西部は砂漠や山脈が連なっています。

中国のエネルギー(2021)*の割合

石油	19.4%	原子力	2.3%
天然ガス	8.6%	水力	7.8%
石炭	54.7%	再エネ	7.2%

中国は国土が広いから再エネの発電には向いているよね

黄色は太陽光発電を、緑色は風力発電と太陽光発電の両方が盛んな地域

再エネ・新しい火力発電・原子力発電を組み合わせてエネルギーを使っているよ

中国は世界の太陽光発電装置の半分以上を生産しているんだ

中国のカーボンニュートラル達成目標はいつなの？

習近平国家主席は、多くの国が2050年にカーボンニュートラルの達成を目標といっているのに対して、2060年を目標にしています。また、2026〜2030年の間に、CO_2を出す量を減らすと宣言しています。

＊出典：BP, Statistical Review of World Energy 2022,（2022）

中国は、世界のCO_2の31％を出しています。アメリカのちょうど2倍にあたる量です。世界の中でも多い人口の電力をまかなうために、石炭を年間約40億トン生産して、火力発電所で使っているからです。原油も年間5億トンも輸入しています。

中国の西部には、太陽光発電や風力発電に適した地域が広がっています。再エネの発電量は2兆2000億kWhと急激に増え、電気の30％が再エネです＊。これは、日本の全発電量の2倍を再エネだけで発電していることになります。

さらにCO_2を多く排出している古い石炭火力発電所をじょじょに減らして、CO_2が少なくなる新しい火力発電所や、CO_2を排出しない原子力発電所の建設を加速しています。海陽市は原子力発電を使った全国初の「ゼロカーボン」暖房供給都市です。

再生可能エネルギーが豊富なオーストラリアでは？

CO_2 の排出をおさえる天然ガスや再エネ水素を輸出する

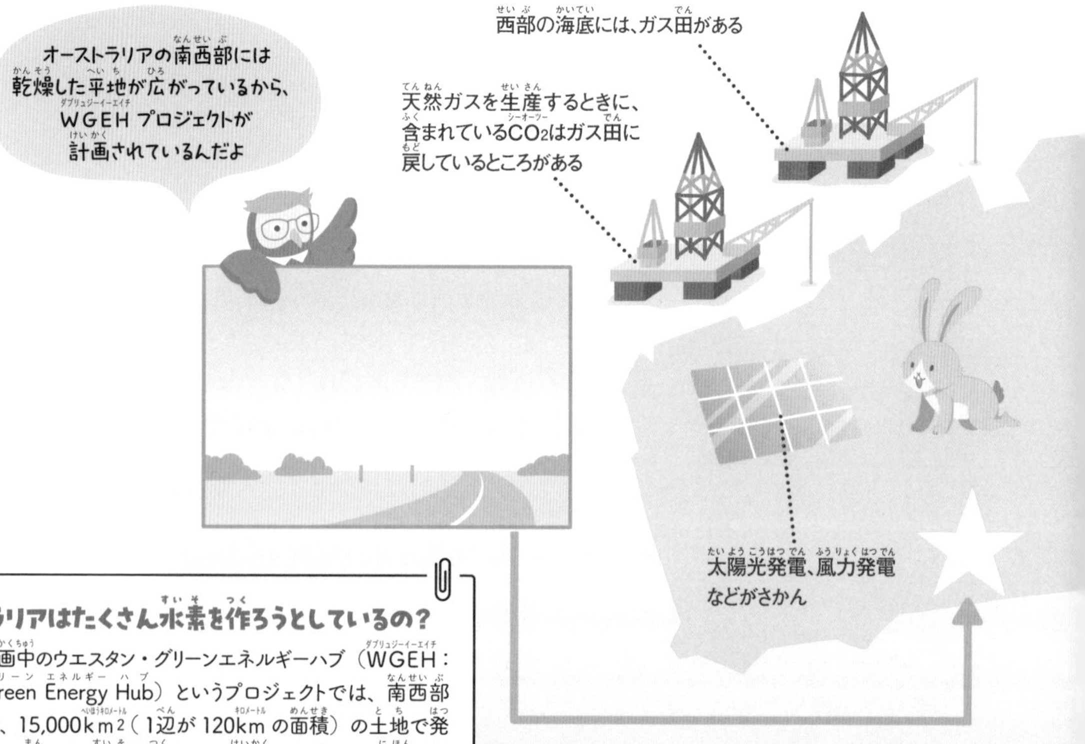

オーストラリアの南西部には乾燥した平地が広がっているから、WGEH プロジェクトが計画されているんだよ

西部の海底には、ガス田がある

天然ガスを生産するときに、含まれているCO_2はガス田に戻しているところがある

太陽光発電、風力発電などがさかん

オーストラリアはたくさん水素を作ろうとしているの？

現在、計画中のウエスタン・グリーンエネルギーハブ（WGEH：Western Green Energy Hub）というプロジェクトでは、南西部沿岸地域で、15,000km^2（1辺が 120km の面積）の土地で発電し、年間 350万トンの水素を作ることを計画しています。日本は、2030年に年間 300万トン、2050年に 2,000万トンの水素を使おうとしているので、その規模の大きさがわかります。日本としては、オーストラリアと協力して、再エネ資源を活用したいですね。

オーストラリアでは石炭、天然ガス、鉄鉱石がたくさん採れるので、日本をはじめとした国々に輸出しています。そこで、カーボンニュートラルが加速すると、世界で石炭や天然ガスを使う量が減ることを心配しています。

オーストラリアは、日本の約 20倍の面積があり、人口は 1／5の約 2,600万人です。東部の沿岸地帯は、温帯から亜熱帯の気候で、多くの人が住んでいますが、中央部から西部にかけて砂漠が広がり、その周辺は乾燥した草原です。そのため、太陽光や風力などの再エネが豊富な地域であり、カーボンニュートラルに積極的に取り組んでいます。豊富な再エネ資源を使って、水素などを作り、アジア各国に輸出しようとしています（p.66）。また、水素と CO_2からメタンやメタノールも作ります。メタンは LNG にして輸出します。

これからは
再エネから作った水素などを
輸出するようになるんだ
Before
石炭・鉄鉱石
天然ガス
After
風力発電
太陽光発電

オーストラリアでは、石炭や鉄鉱石がたくさん採れるよ

天然ガスは、液化天然ガス(LNG)にして、日本などに輸出しているんだ

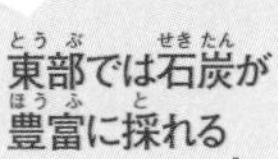
東部では石炭が
豊富に採れる

その他の国のカーボンニュートラルへの取り組みは？

開発途上国では、カーボンニュートラルよりも経済発展を進めたいところですが、国ごとにさまざまな方法が考えられます。

北アフリカは、太陽光に恵まれている国が多く、太陽光で発電してヨーロッパに電気やグリーン水素（p.68）にして、運ぶこともできそうです。中東は、石油や天然ガスが採れる国が多くあります。天然ガスから水素を作り、そのときに発生したCO_2を古い油田やガス田に埋めることでブルー水素ができます。ブルー水素（p.68）を使って、ブルーアンモニアなどを製造する計画もあり、海外に輸出することを考えています。

アジアは国ごとに事情が異なりますが、まだまだ石炭火力発電に頼っている国が多くあります。その中でも、インドネシアは、石炭を生産しているので石炭火力が多いですが、火山が多くあり、地熱発電が期待できます。インドでは、再エネで作ったグリーン水素を多量に生産し、輸出をしようとしています。台湾やベトナムでは風力発電に力を入れています。

資源を採るときにCO_2が出ないように努力しているんだね

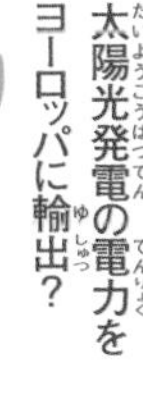

太陽光発電の電力をヨーロッパに輸出？
北アフリカ

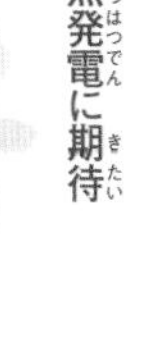

地熱発電に期待
インドネシア

再エネで作ったグリーン水素に期待
インド

石油・天然ガスが豊富ブルー水素に期待
中東

日本のカーボンニュートラルを実現する取り組みは？

あらゆる方法を組み合わせて CO_2 を減らす

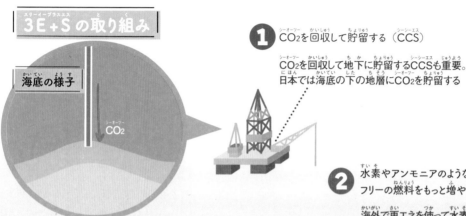

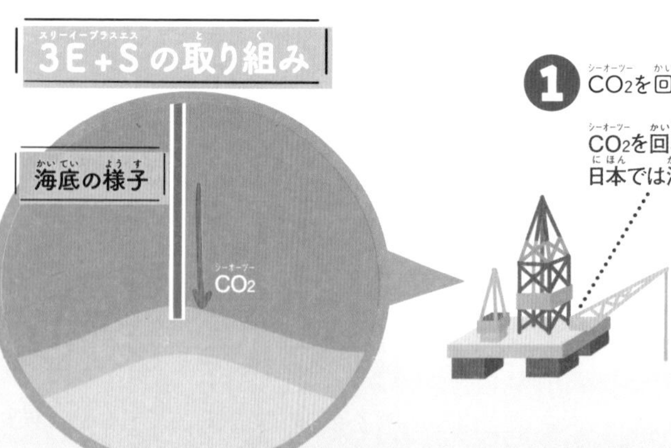

3E＋Sの取り組み
海底の様子
CO_2

❶ CO_2を回収して貯留する（CCS）

CO_2を回収して地下に貯留するCCSも重要。日本では海底の下の地層にCO_2を貯留する

❷ 水素やアンモニアのような CO_2 フリーの燃料をもっと増やす

海外で再エネを使って水素やアンモニアを生産して輸入

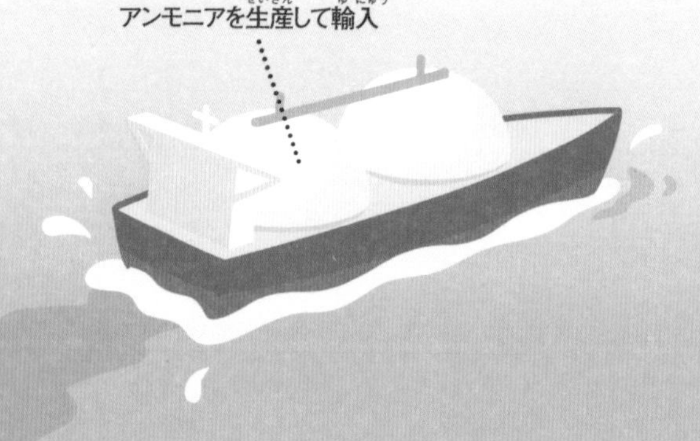

3E＋Sってなんだろう？

「3E＋S」は、日本のエネルギー政策の基本方針です。資源に恵まれない日本で、さまざまなエネルギー源の強みを生かし、エネルギー供給の弱みをおぎなうための仕組みです。

Sは安全性（Safety）、3Eは、自給率（Energy Security：日本の中で得られる割合）、経済効率性（Economic Efficiency：エネルギーのコストを下げる）、環境適合（Environment：温室効果ガスを下げる）のことで、これらを同時に達成するべく、取り組んでいくことを意味します。

日本では、いろいろな資源を組み合わせて確実にエネルギーを得ることができるようにすることを、エネルギーミックスと呼んでいます。

日本は、欧米の先進国と同じように、2050年にカーボンニュトラルを実現することを目指しています。必要なエネルギーを安定して得るには、3E+Sも重要です。3E+Sを踏まえて、カーボンニュートラルを実現するには、図に示す❶～❺のような方法を行おうとしています。

カーボンニュートラルを実現するために、政府は、今後、日本ではどのようなエネルギーを使っていくかを示す「第6次エネルギー基本計画」を決めました。そこでは、2050年に向けて、電力を作るために、再生可能エネルギー（再エネ）をたくさん使うだけではなく、燃料として再エネから作った水素やアンモニアを使おうとしています。

温室効果ガス（GHG）であるメタンも大幅に減らす必要があります。2050年のカーボンニュートラルにつながるような方法を行っていくことが重要ですね。

やれることは
何でもやらないと、
カーボンニュートラルは
実現できないよ

3 再エネや原子力をできる限り使う

CO_2が出ない再エネや原子力で発電する電力を増やす

水素や
アンモニアは海外から
輸入するんだね

5 空気からのCO_2回収（DAC）などのネガティブ・エミッションなどあらゆる方法を行う

大気からCO_2を回収するDAC。回収したCO_2を貯留するとネガティブ・エミッションになる。ほかにもいろいろなネガティブ・エミッション技術(p.73)がある

4 CO_2を利用（CCU）してカーボンリサイクルを進める

CCUを使って、水素とCO_2から燃料を生産する(カーボンリサイクル)

一次エネルギー供給の割合を変えて温室効果ガスを減らせるの？

日本では、2030年度までに省エネを進めて、エネルギーの使用量を2013年度に比べて21％減らそうとしています。一次エネルギー（加工しないで供給される原油などのエネルギー）の中で、現在10％位である再エネの割合を2030年度には20％以上に増やします。その分、石炭や石油が減ります。さらに、CO_2が出ない燃料である水素やアンモニアを、海外から輸入してどんどん増やして行きます。

その結果、CO_2に換算した温室効果ガス（GHG）を2013年度に比べて46％減らすことにしています。

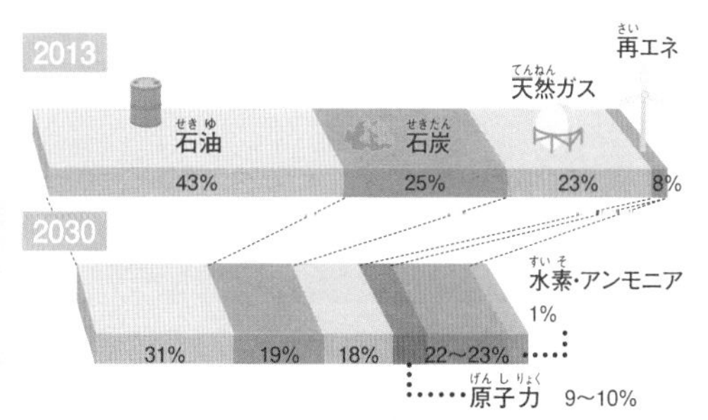
2013
石油
43%
石炭
25%
天然ガス
23%
再エネ
8%
2030
31%
19%
18%
22〜23%
水素・アンモニア
1%
原子力 9〜10%

06 市町村や会社はどうやって CO_2 を減らそうとしているの？

地域や産業に合わせて支援をする

市町村の取り組み

バッテリー式電気自動車（BEV）や燃料電池自動車（FCV）に充電するためのスタンドや水素ステーションを設置するなど、インフラを整備することも市町村の重要な役割

EV QUICK
CHARGING POINT

みんなが BEV や FCV に乗るには、充電できるスタンドや水素ステーションがたくさん必要だね

CO_2を出さない燃料を船に供給できるように港を改造する

港に入る船には、CO_2を出さない燃料を供給するんだ

日本の市区町村は、その地域に合った方法でカーボンニュートラルを実現しようとしています。

たとえば、CO_2が出ないように、役所や学校、図書館などの公共施設、ビルや住宅を改修するのを支援したり、地域の産業のカーボンニュートラルを進めるために、工場どうしが協力したりしています。

また、CO_2を出さない電気自動車（BEV）や燃料電池自動車（FCV）を率先して役所で使ったり、住民が買うときには補助金を出します。このように、いろいろなアイデアを出して、住民と協力して進めています。

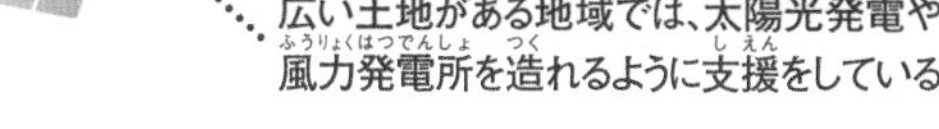
広い土地がある地域では、太陽光発電や
風力発電所を造れるように支援をしている

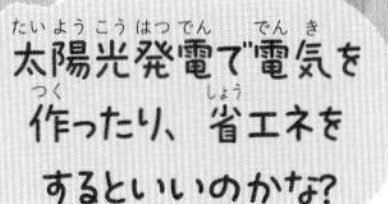
太陽光発電で電気を
作ったり、省エネを
するといいのかな？

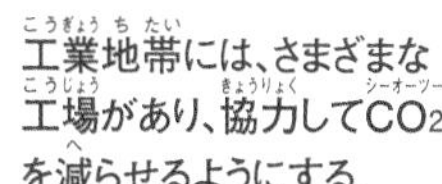
工業地帯には、さまざまな
工場があり、協力してCO_2
を減らせるようにする

工場から出るCO_2だけではなく、工場で使う電気を発電するときや、原料や製品を運ぶときにもCO_2は出ているんだ

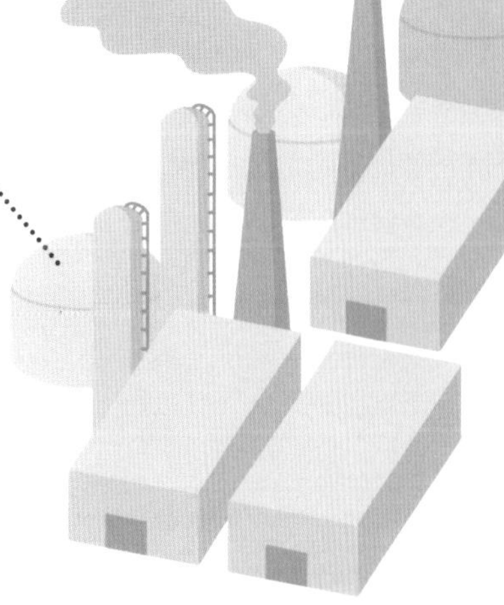

市役所や学校がCO_2を出さないようにしないとね

スコープってなんだろう？

会社などの事業者がカーボンニュートラルを実現するときに、どの範囲でCO_2の排出をゼロにするのか明確にしなければ、お互いに誤解してしまうかもしれません。その基準となるものとして、CO_2の排出量の範囲を「スコープ 1」「スコープ 2」「スコープ 3」で表します。

スコープ3では、工場で作る製品を処理するときにCO_2が出ないようにしないといけません。スコープ3を実現するには、たとえば、石油会社が燃料を売る場合、水素のように燃やしてもCO_2が出ない燃料を売らなければならないことになります。実現するには、燃料を使う会社や個人が、少し高くともCO_2フリー燃料を使ってくれることが重要です。

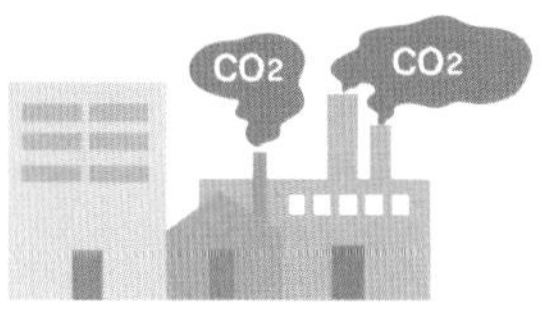
CO2
CO2

スコープ 1：事業者自らが直接出す温室効果ガス（GHG）の排出量

工場で燃料を燃やして出るCO_2は、当然、カウントする

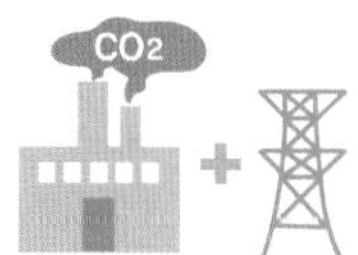
CO2

スコープ 2：ほかの会社から供給された電気、熱・蒸気を使うとき、それらを作るときに出た温室効果ガス（GHG）の排出量

買っている電気も発電のときに出るCO_2はカウントする

スコープ 3：その他の排出。原料、原料の輸送、製品の使用、製品の廃棄などのときに出す排出量

従業員の通勤や製品を運んだり、処理する場合も対象になる

電力会社はどうやってCO_2を減らそうとしているの？

再エネや水素・アンモニア・原子力も使う

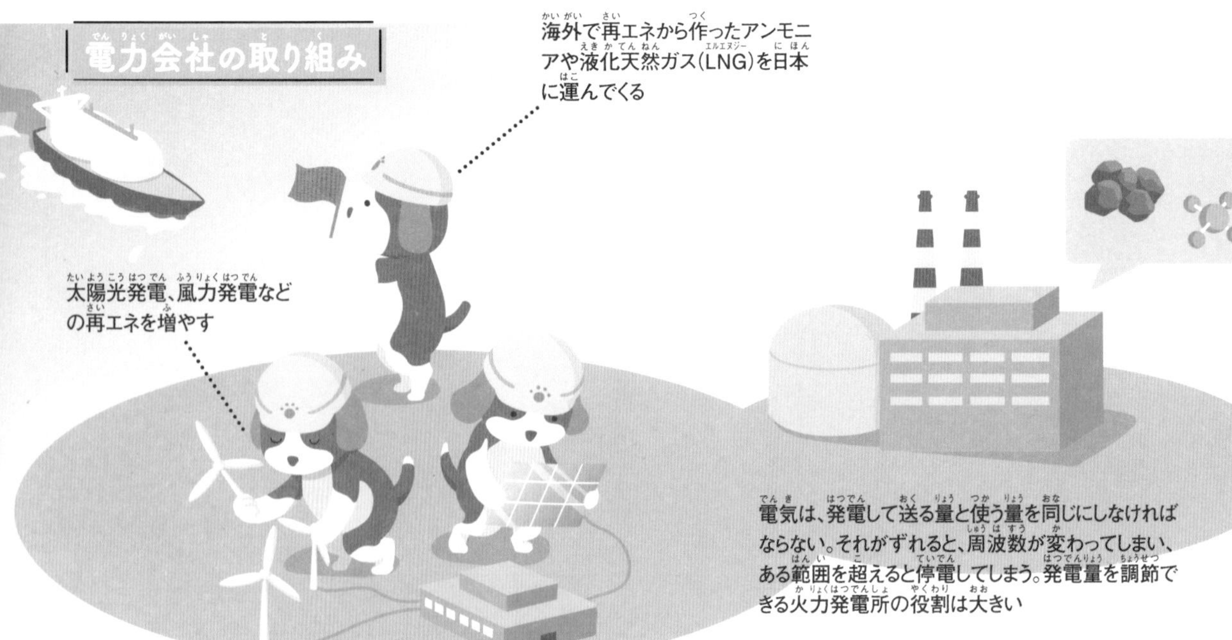
電力会社の取り組み
海外で再エネから作ったアンモニアや液化天然ガス(LNG)を日本に運んでくる
太陽光発電、風力発電などの再エネを増やす
電気は、発電して送る量と使う量を同じにしなければならない。それがずれると、周波数が変わってしまい、ある範囲を超えると停電してしまう。発電量を調節できる火力発電所の役割は大きい

発電効率ってどんなこと？

発電効率とは、石炭や天然ガスという燃料が持っている熱量に対して、発電して得られる電気のエネルギーの割合です。

火力発電は、燃料を燃やして蒸気を発生させて発電機を回す方法が一般的でした。日本には、コンバインドサイクル（複合発電）という発電効率の高い発電所があります。最近では、燃料を燃やした高温のガスでタービンを回して発電し、その後のガスから水蒸気を作って発電するコンバインドサイクルが増えています。また、火力発電では、ブルーやグリーンアンモニアや水素を混ぜて燃やすことで、CO_2を出す量を減らそうとしています。

電力会社は、電気を使う量だけ発電して供給するのが仕事です。カーボンニュートラルを目指して、各社は積極的に再生可能エネルギー（再エネ）を使おうとしています。電気を売る会社の中には、再エネの電気だけを売ることもしています。ただし、水力発電は、再エネの1つですが、これから建設する場所があまりありません。

石炭や液化天然ガス（LNG）を燃やす火力発電所は、発電効率が低いものから止めていこうとしています。

再エネを増やすと、太陽光発電では夜や天気の悪い日に電気が不足するかもしれません（p.52）。そのために電気を貯めたりする設備も造ろうとしています。

原子力発電のこれからの取り組み

事故がおきないか
心配だなぁ…

地震や津波があっても
大丈夫なように、専門家の
先生が、運転しても安全かを
審査しているんだよ

軽水炉といわれる
タイプの原子炉を使って
きたんだけど、
最近では、
原理が同じ小型
モジュール炉(SMR)の
開発が進められているんだ

核融合発電ってどんなもの？

未来の技術として核融合発電があります。核融合は、太陽の中でおきている反応です。数億℃のプラズマを作り、そこで、重水素や三重水素の原子核同士を高速で衝突させることで、核融合反応が続き、高温の熱を発生させるものです。そのためには、高温のプラズマをいかに保つかがポイントです。

また、ウランを使う原子力発電とくらべ、使用済み放射性物質の廃棄の問題がなく、安全性が高いといわれています。日本も参加しているフランスで建設が進められている国際共同プロジェクト、ITER で実証を目指していますが、実用化はまだまだ先です。

小型モジュール炉ってどんなもの？

最近では、小型モジュール炉（SMR）という原子炉が開発されています。発電の原理は従来の原子力発電と同じですが、緊急時に冷却しやすくて安全性が高く、小型で工場で造って運び込むことができます。アメリカやカナダでは、実用化に向けて進んでいて、日本の会社も参画しています。

原子力発電所を持っている会社は、安全性を確認して発電をしようとしています。

原子力発電は、60年以上の実績があり、世界の電力の約1割をになっています。日本には、多くの原子力発電所がありますが、動いているのは、一部だけです。それは、2011年におきた福島第一原子力発電所での大事故以来、大きな地震や津波が襲ってきても大丈夫なよう、安全かどうかの審査が行われ、安全を高める改造を行っているからです。

原子力発電は、CO_2を出さず、多くの再エネのように天候に左右されることもありません。カーボンニュートラルを実現するには重要な役割を果たします。しかし、発電所から出る使用済みの燃料や放射性廃棄物を適切に処理することが重要です。

08

石油会社はどうやってCO_2を減らそうとしているの？

水素のようなCO_2フリー燃料でCO_2を減らす

石油会社の取り組み

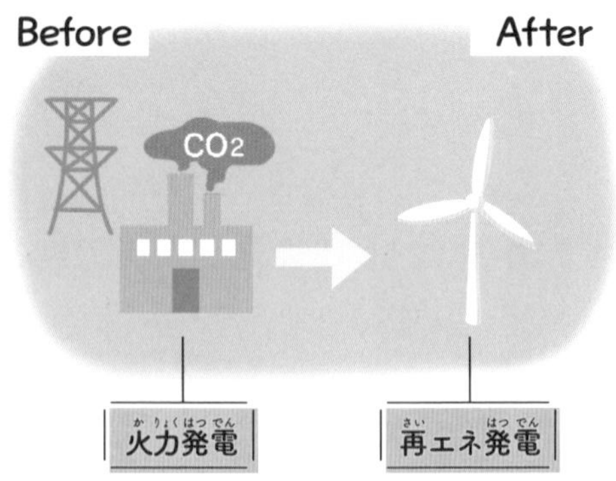
Before
After
CO_2
火力発電
再エネ発電

製油所で使う電気を再エネにする

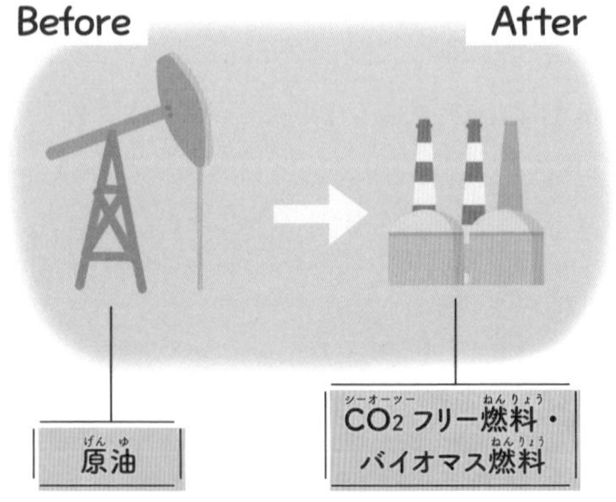
Before
After
原油
CO_2フリー燃料・
バイオマス燃料

CO_2を出す原油から、水素などのCO_2フリー燃料やバイオマス燃料を売るようになる

石油会社は、
原油を輸入して、
いろいろな油にしています

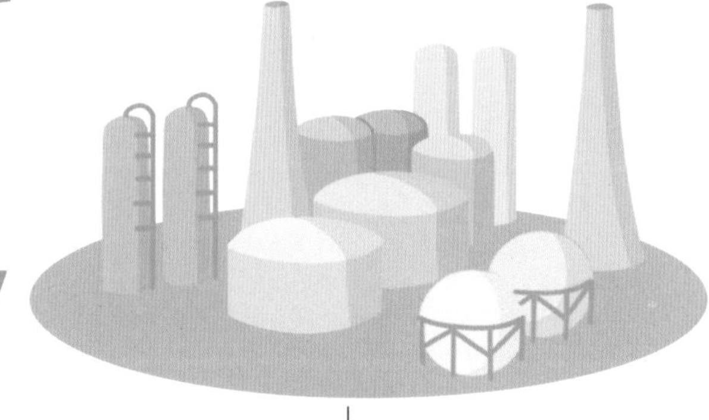

製油所

今までの製油所では、輸入した原油を水素などを使って不純物を除き、ガソリン、灯油、軽油、ジェット燃料、重油などに分けて出荷する。それらは、用途に応じてガソリンスタンドや化学工場、ボイラーを使う工場などに送られる。これからは、CO_2フリー燃料などを売るようになる

日本の石油会社は、海外から原油を輸入して、沿岸にある石油コンビナートにある製油所で、自動車や船、飛行機の燃料（ジェット燃料）、プラスチックのような化学品の原料など、さまざまな種類の油に分けます。

石油会社では、p.95で示したスコープ1や2の範囲で、CO_2を出さないようにする取り組みを進めています。CO_2を出さないようにするスコープ3を進めた場合、従来の石油を売ることができなくなります。

これからは、エネルギーを供給する会社として、

用途でかわる燃料

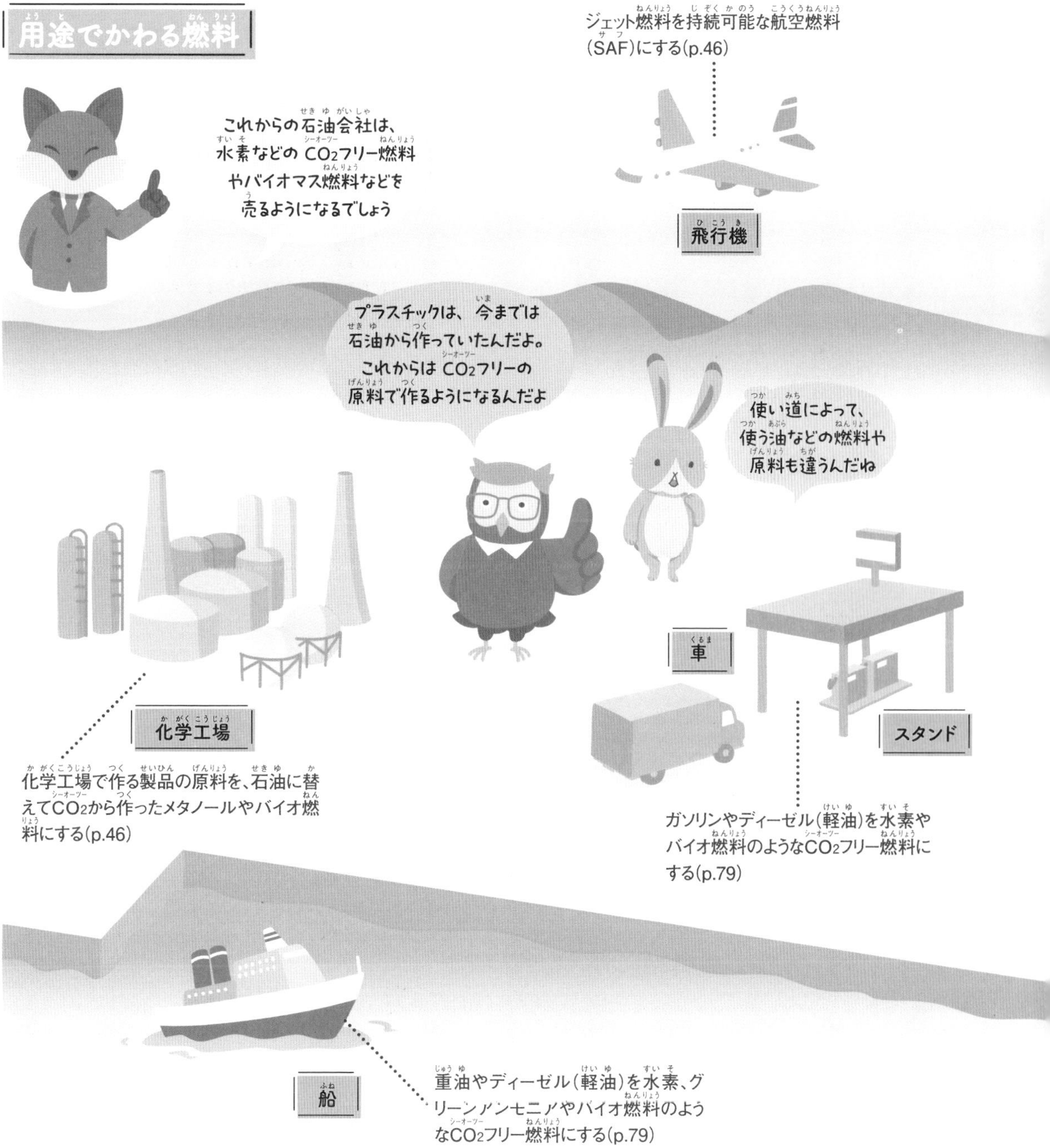

これからの石油会社は、水素などのCO2フリー燃料やバイオマス燃料などを売るようになるでしょう
ジェット燃料を持続可能な航空燃料（SAF）にする（p.46）
飛行機
プラスチックは、今までは石油から作っていたんだよ。これからはCO2フリーの原料で作るようになるんだよ
使い道によって、使う油などの燃料や原料も違うんだね
車
スタンド
化学工場
化学工場で作る製品の原料を、石油に替えてCO2から作ったメタノールやバイオ燃料にする（p.46）
ガソリンやディーゼル（軽油）を水素やバイオ燃料のようなCO2フリー燃料にする（p.79）
船
重油やディーゼル（軽油）を水素、グリーンアンモニアやバイオ燃料のようなCO2フリー燃料にする（p.79）

水素や CO_2 を原料としたメタノールなど、CO_2 を出さない CO_2 フリー燃料や、バイオマスから作った燃料（p.79～81）を売ることになるでしょう。

また、ガソリンスタンドは、水素ステーションや充電スタンドに替わるところも出てくるかもしれません。

製鉄所はどうやってCO_2を減らそうとしているの？

水素を使って鉄を作る技術を開発している

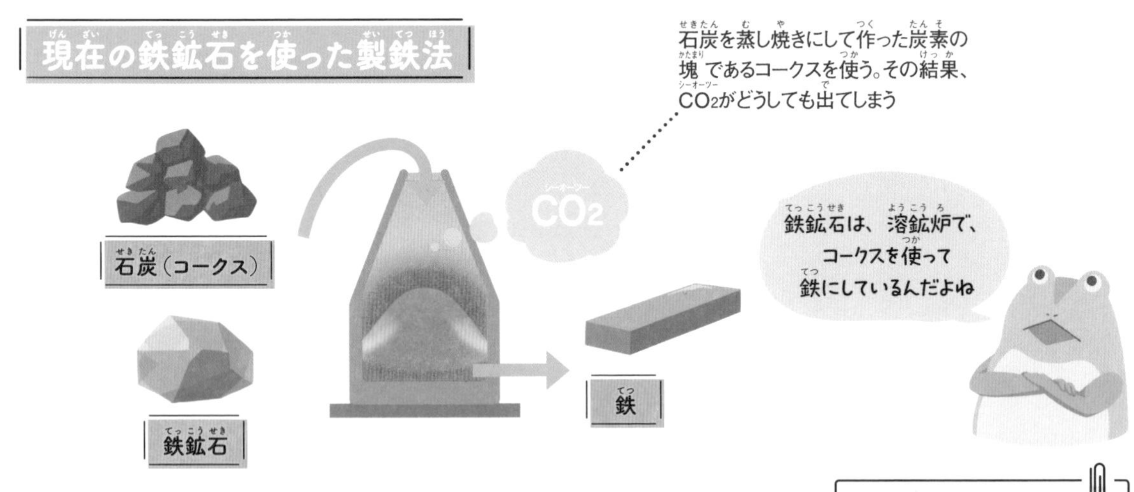
現在の鉄鉱石を使った製鉄法
石炭を蒸し焼きにして作った炭素の塊であるコークスを使う。その結果、CO2がどうしても出てしまう
石炭（コークス）
鉄鉱石
CO2
鉄
鉄鉱石は、溶鉱炉で、コークスを使って鉄にしているんだよね

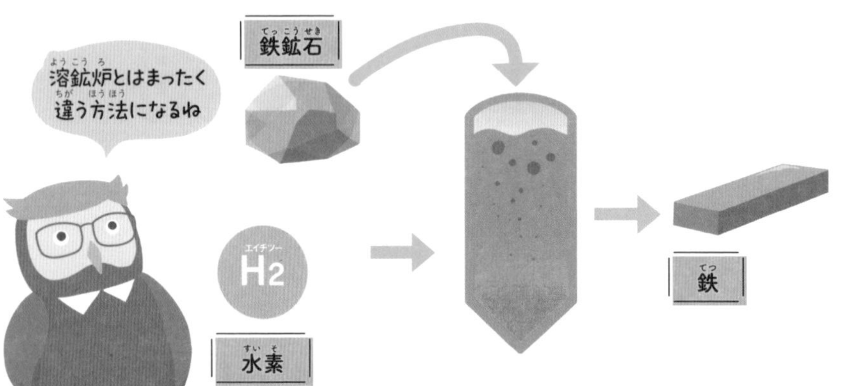
未来の水素を使った製鉄法
鉄鉱石
溶鉱炉とはまったく違う方法になるね
H2
水素
鉄

古い鉄は再利用できるの？

鉄を作るときにCO_2を出さないようにするには、今とはまったく違う技術が必要ですが、開発に時間がかかります。

すぐにできることには、さまざまなところで使われた古い鉄を回収し、そのスクラップを電気炉で溶かして、新しい鉄にする方法もあります。その方が、CO_2を出す量が大幅に減るので、その割合を増やそうとしています。

鉄を作る製鉄所では、日本が排出しているCO_2の14％を出しています。海外から輸入した鉄鉱石は、鉄に酸素が付いた化合物などでできています。この酸素を取り除くときに、炭素（C）を使うので、炭素に酸素（O_2）が付いたCO_2が出るのです。

CO_2を出さないようにするには、石炭から作る炭素でできたコークスの代わりに水素を使えばいいのです。溶鉱炉に水素を入れて、コークスの量を減らす試験をしています。多量の水素を入れるには、現在のような溶鉱炉ではなく、まったく新しいタイプの装置となるので、その技術を開発しています。

コンビナートはどうやって CO_2を減らそうとしているの？

それぞれの工場と協力して CO_2 を減らす

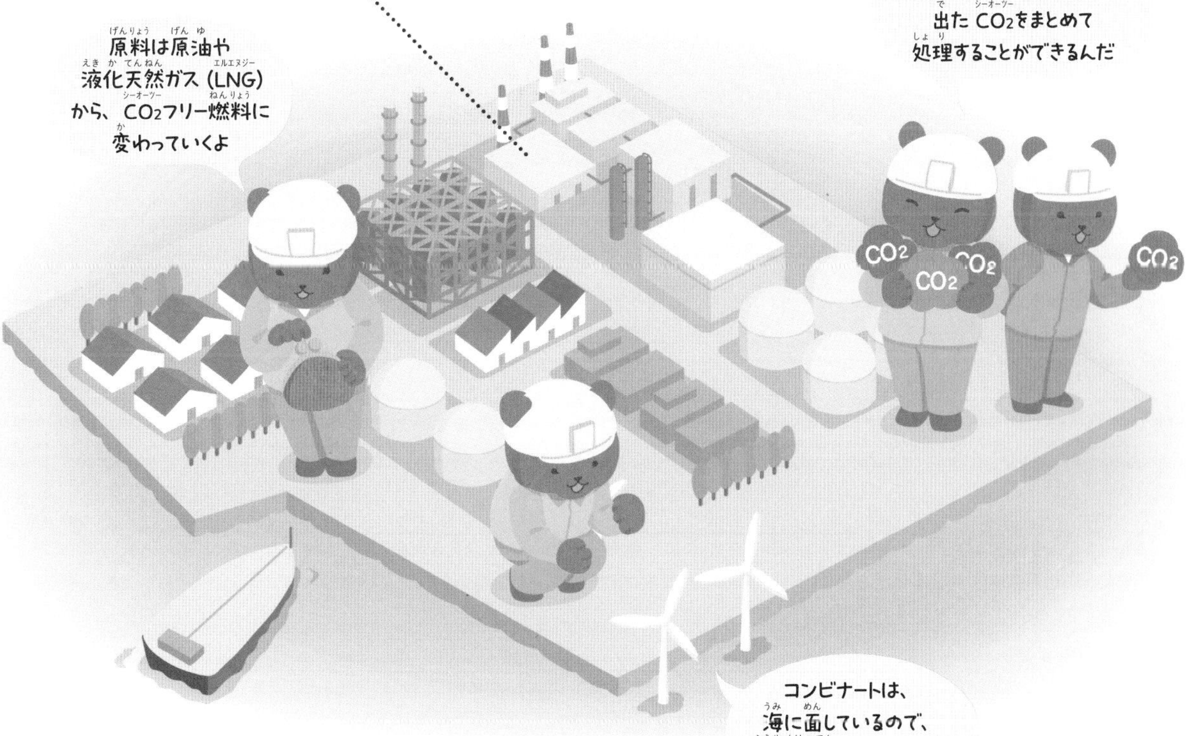

工場の間は、燃料や化学品をお互いに使えるようにパイプラインでつながっている。工場で使う熱となる蒸気や水素をまとめて作ったりもしている

原料は原油や液化天然ガス（LNG）から、CO_2フリー燃料に変わっていくよ

それぞれの工場で使う水素を一緒に輸入したり、出た CO_2をまとめて処理することができるんだ

コンビナートは、海に面しているので、風力発電もできそうだね

日本には、石油産業や化学工業を中心としたコンビナート（工場地帯）が 15カ所あります。すでに紹介した、発電所、製鉄所、石油会社の製油所、化学品を作るさまざまな工場などが集まっています。そのほとんどが、海に面していて、船で原料や製品を運ぶことができます。

関連する工場がお互いに近くにあることで、原油や液化天然ガス（LNG）のような原料を共同で買ったり、ある工場の製品を近くの工場で使ったりできます。

これからは、そこで使う水素やアンモニアなどの CO_2フリー燃料を海外からまとめて輸入したり、それぞれの工場から出る CO_2をまとめて使って化学品を作ったり、共同で風力発電所を造ったりすることで、効率よくカーボンニュートラルを実現できます。

自動車会社はどうやってCO_2を減らそうとしているの？

電気・CO_2フリー燃料・MaaSでCO_2を減らす

ガソリンスタンド

水素ステーションや充電スタンドに変わることも考えられる

燃料

これまでのガソリン自動車ではガソリンやディーゼル(軽油)を使っていたが、水素やバイオ燃料のようなCO_2を出さない燃料(CO_2フリー燃料)を使うことになる(p.79)

スタンドでガソリンが給油できなくなるのかな?

バイオ燃料ってどんなもの？

バイオ燃料とは、バイオマスから作る燃料のことです。バイオマスを発酵して作ったエタノール、てんぷらなどの料理に使った廃食油などから作ったBDFと呼ばれる油、微細藻類から作った油などがあります（p.46）。

自動車が走るときに出ているCO_2は、現在、日本の排出量の16%です。CO_2を出さないために、これからは、電気自動車（バッテリー式電気自動車：BEV）か燃料電池自動車（FCV）になるといわれています。将来、自動車は再エネの電気や再エネで作ったグリーン水素（p.68）などで走ることになるでしょう。

これから販売する車はいいとして、今、走っている自動車はどうすればよいのでしょうか。発展途上国でなかなかBEVやFCVを買えない人たちもいます。その答えは、燃料であるガソリンやディーゼル（軽油）をバイオ燃料のようなCO_2を出さない、

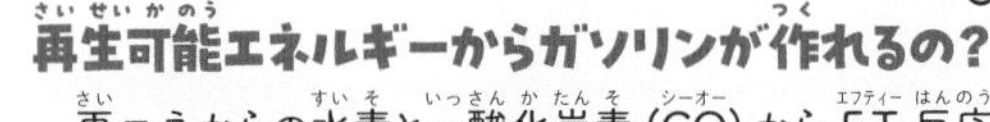

再生可能エネルギーからガソリンが作れるの？

再エネからの水素と一酸化炭素（CO）から FT 反応という化学反応でガソリンや軽油を作ることができます。CO は、CO_2と水素から作ることができます。

自動車は、自動運転や Maas のように、新しい技術が満載だね

未来の車は、目的地をいうと自動で連れて行ってくるんだよ

もっと、便利で快適になるんだ

MaaS ってどんなサービスなの？

MaaS とは、モビリティ・アズ・ア・サービスの略で、情報通信技術を使って、バスやタクシー、電車などの公共交通などの移動サービスを組み合わせて使えるようにする交通サービスです。交通の混雑をなくしたり、過疎地域の高齢者の移動を確保する手段として考えられています。

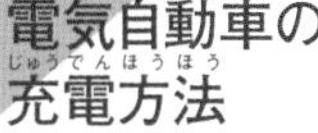

電気自動車の充電方法

バッテリー式電気自動車（BEV）は、充電に時間がかかる。走っているときや信号で停まっているときに、自動的に充電ができるようにする研究も進んでいる

CO_2フリー燃料にすればいいのです。

自動車は、技術開発が急速に進んでいる分野であり、日本にとって重要な産業なので、世界の自動車会社に負けるわけにいきません。そのためには、運転手がいらない自動運転技術や、どこにでも自由に行きやすくなる MaaS の技術のように、快適に車を使えるようなシステムの開発も欠かせません。

12

飛行機や鉄道はどうやって CO_2 を減らそうとしているの？

電気・CO_2 フリー燃料で CO_2 を減らす

CO_2 フリー燃料の場合

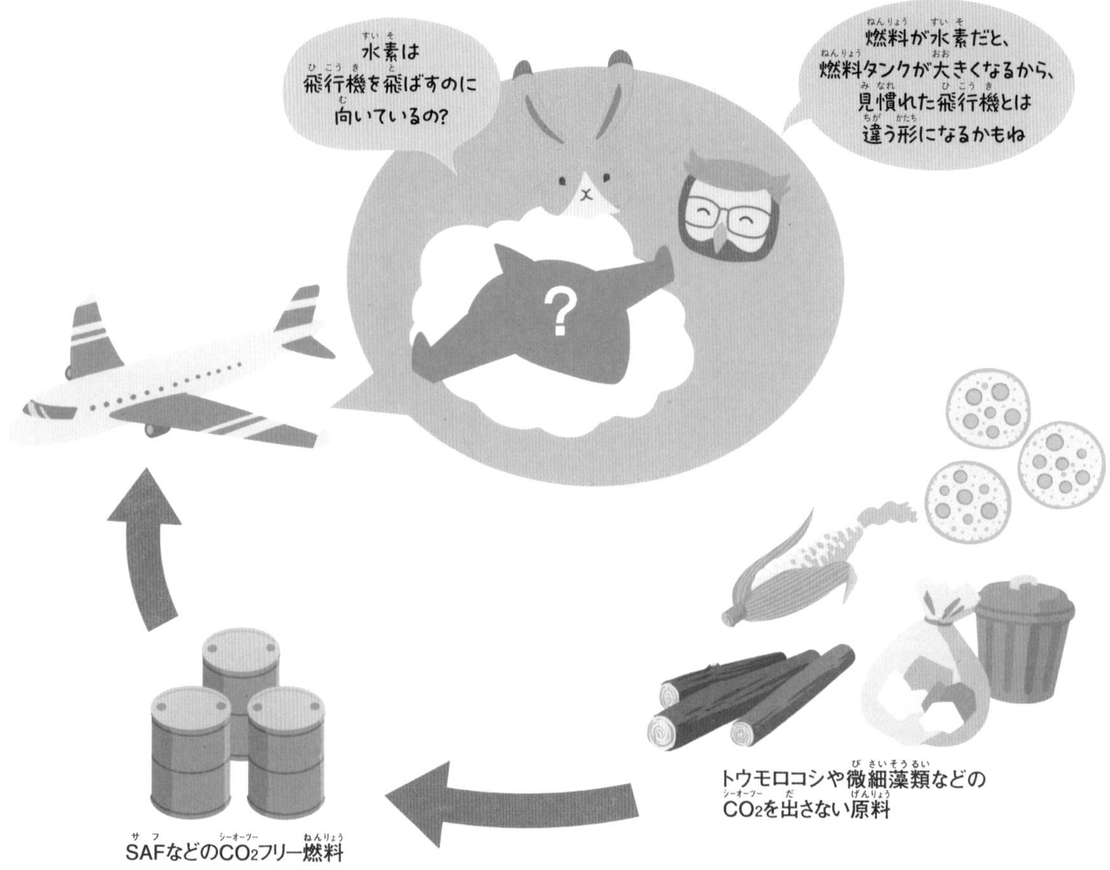

水素は
飛行機を飛ばすのに
向いているの?

燃料が水素だと、
燃料タンクが大きくなるから、
見慣れた飛行機とは
違う形になるかもね

?

トウモロコシや微細藻類などの
CO_2を出さない原料

SAFなどのCO_2フリー燃料

飛行機が飛んでいるときにもカーボンニュートラルにするには、いくつかの方法がありますが、実用化には課題があります。

1つは、燃料を CO_2フリーにすること、たとえば、微細藻類などのバイオマスで作った燃料や水素が考えられます。

微細藻類などから作ったバイオマスの燃料は、SAF と呼ばれ、すでに実際の飛行機で使われはじめています。ただし、ジェット燃料の規格を満足する燃料にするには、お金がかかります。

また、水素は軽いのですが、容積あたりのエネルギー量が小さいのでかさばります。そのため、今までの飛行機とは形が変わるかもしれません。電気で飛ばすには、蓄電池が重いので、長距離は

電気の場合

飛行機の燃料は、翼のタンクにいっぱい入っている。蓄電池にすると、ずっと大きなスペースが必要

電気で飛行機を飛ばせないのかな?

蓄電池に貯められるエネルギーは、ジェット燃料より小さい※ので、今の飛行距離をまかなえるだけの蓄電池を載せようとすると、翼にあるタンクの数十倍の大きさが必要なんだ。だから長く飛ばすのは難しいね

※蓄電池とジェット燃料を同じ重さで比べた場合、電池に貯められるエネルギーの量は、ジェット燃料の1／20より小さい

バイオマス燃料の場合

微細藻類から燃料が作れるの?

微細藻類とは、水中で育つ数μｍから数10μｍという小さな植物プランクトンで単細胞の生物です。光合成によりCO_2を吸収して糖類を作り、酸素を出します。糖類は燃料となるので、CO_2が出ないことになります。ただ、培養には広い池が必要になります。

バイオマスの燃料はどうやってつくるの?

小さなプランクトンから液体の燃料を作るのさ

難しそうです。

鉄道では、電気がカーボンニュートラルになれば、電気で動く電車などはCO_2を出さないことになります。ディーゼルで動く汽車では、CO_2フリー燃料を使うだけではなく、蓄電池を載せて、電車のように走ることも考えられています。そのため、これまで電化していなかった区間でも、電車がそのまま走ることができるようになるかもしれません。

船は、燃料をアンモニアに替えたり、近距離の場合は、電気で動かすこともできます。

13 住宅でも CO_2 を減らせるの？

太陽光発電・蓄電池や省エネで ZEB や ZEH を実現する

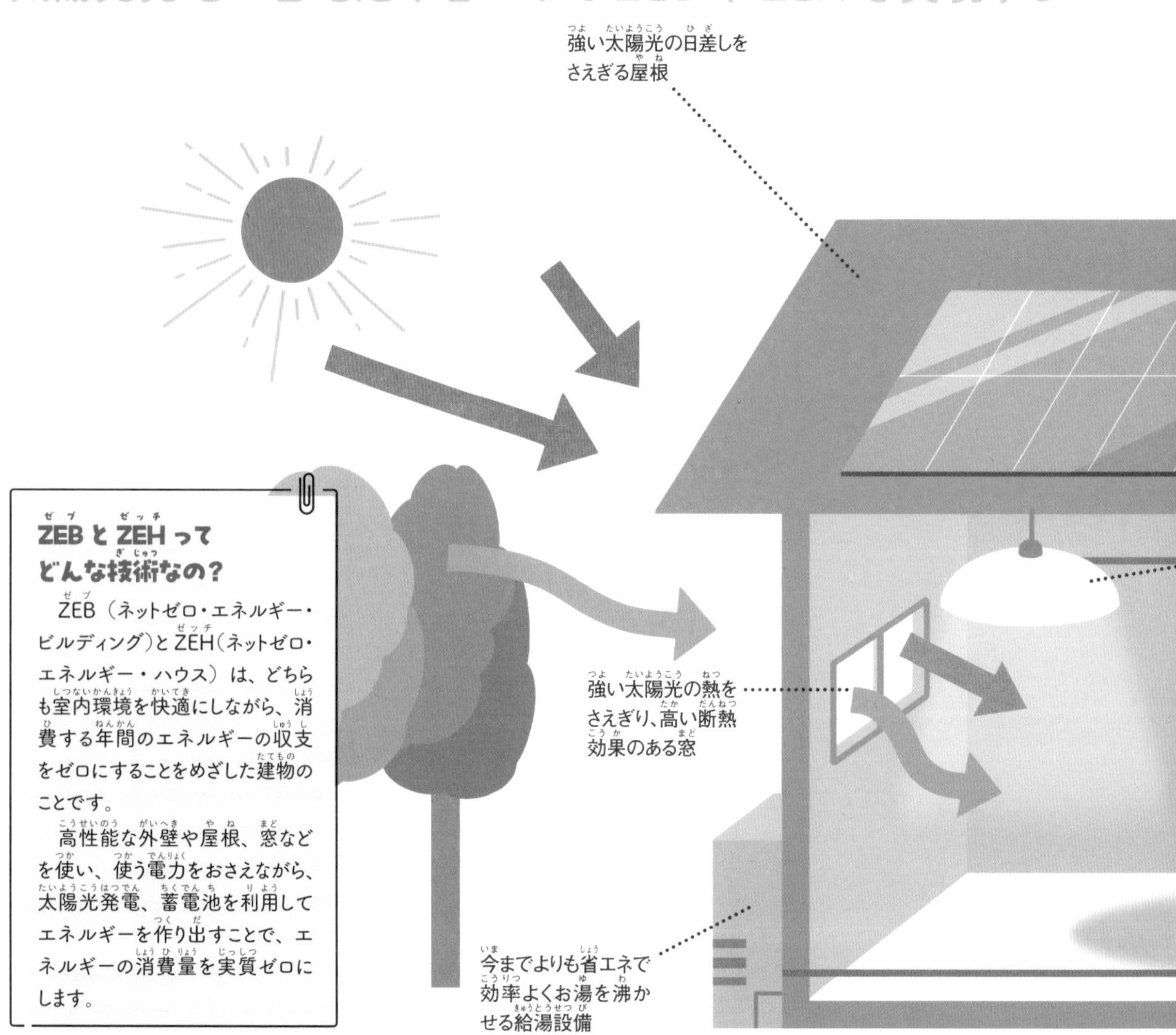

強い太陽光の日差しを
さえぎる屋根
強い太陽光の熱を
さえぎり、高い断熱
効果のある窓
今までよりも省エネで
効率よくお湯を沸か
せる給湯設備

ZEB と ZEH ってどんな技術なの？

ZEB（ネットゼロ・エネルギー・ビルディング）と ZEH（ネットゼロ・エネルギー・ハウス）は、どちらも室内環境を快適にしながら、消費する年間のエネルギーの収支をゼロにすることをめざした建物のことです。

高性能な外壁や屋根、窓などを使い、使う電力をおさえながら、太陽光発電、蓄電池を利用してエネルギーを作り出すことで、エネルギーの消費量を実質ゼロにします。

ZEB と ZEH は、使うエネルギーとつくるエネルギーの量がつり合うようにしたビル、マンション、一戸建て住宅のことです。

屋根や外壁に付けた太陽光発電装置で電気を供給したり、効率が高いエアコンを使ったり、外からの日射を防いだり、壁から熱が逃げないようにすることで達成することができます。電気の使用量を見える化する HEMS も役に立ちます。

住宅に太陽光発電設備を付け、発電した電気を家にある蓄電池に貯めることができると、災害時に

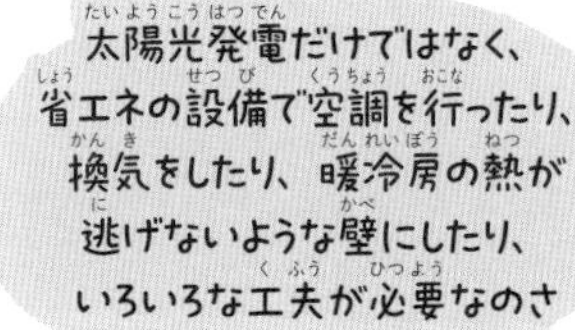
太陽光発電だけではなく、
省エネの設備で空調を行ったり、
換気をしたり、暖冷房の熱が
逃げないような壁にしたり、
いろいろな工夫が必要なのさ

これからの住宅って、
どんな風になるのかな

HEMSってどんな技術なの？

HEMSとは、ホーム・エネルギー・マネジメント・システムの略です。家庭内の家電機器を自動で制御したり、見える化して、電力を節約するシステムです。

HEMSなどに対応した建物を建てるにはお金がかかりますが、電気代が下がったり、冬は暖かく、夏は涼しく快適な生活ができたり、よいこともたくさんあります。

太陽のエネルギーを電気にする太陽光発電

LEDなどの省エネ効果の高い照明

省エネ効果の高い空調機器

HEMS

省エネの機能が備わった空調・換気装置

暖冷房の熱が逃げないようにした高い断熱効果のある壁など

地中の熱を利用するシステム

太陽光パネルで発電した電気を貯める蓄電システム

長期に停電になっても、電気を使うことができます。災害のときに、とても助かったという経験がある人もいます。

最近では、国がLCCM（ライフ・サイクル・カーボン・マイナス）住宅をすすめています。住んでいる間だけではなく、建設や取り壊しを含めたライフサイクルを通して出るCO_2を、マイナスにしようとするものです。

CO_2を減らすためにどんな材料が必要なの？

新しい技術を支えるレアメタルを使えるようにする

世界のレアメタルの鉱石の生産量の割合

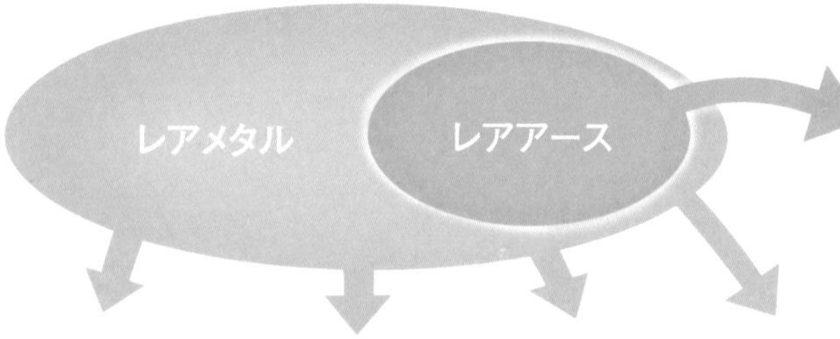

レアメタル
レアアース

レアアース

中国	58%
アメリカ	16%
ミャンマー	13%

リチウム

オーストラリア	49%
チリ	22%
中国	17%

コバルト

コンゴ	68%
ロシア	5%
オーストラリア	4%

ニッケル

インドネシア	32%
フィリピン	14%
ロシア	10%

モリブデン

中国	33%
チリ	21%
アメリカ	18%

レアアースはたくさん生産する国がかたよっているから、心配だね
ネオジムのようなレアアースの9割が中国で生産されていたけれど、最近はほかの国でも生産するようになったんだよ 

レアメタルやレアアースはたくさんあるの？

レアメタルは、地球上にある量が少なく取り出すのが難しい金属。金や白金のような貴金属は除く。リチウム、ニッケル、コバルトなど。レアアースは、レアメタルの中で、指定されている17種類の金属。ネオジムやジスプロシウム、イットリウムなど。独特の化学的性質により、蓄電池、発光ダイオード、磁石など電気・電子系の器具の性能向上に欠かせません。

レアメタルは不足する？

レアメタルは、生産される国が限られているので、必要な量を輸入できなくなることも考えられる

＊生産量の割合は、独立行政法人石油天然ガス・金属鉱物資源機構（JOGMEC）「鉱物資源マテリアルフロー 2021」の鉱石生産量にもとづく

カーボンニュートラルの実現には、電気自動車のようにCO_2を出さない機械や機器の製造が欠かせません。

電気自動車（BEV）などの電動車が増えると、蓄電池がたくさん必要になります。蓄電池の多くに使われているリチウムイオン電池では、リチウムだけではなく、コバルト、ニッケルなどの金属も使われています。これらは、地球上に存在している量が少ない、あるいは鉱石から取り出すのが難しいのでレアメタルと呼ばれています。

また、カーナビゲーションやDVDプレイヤーなどの車載モニターは生産量が増えていて、モニターなどに使われる液晶には、インジウムと呼ばれるレアメタルが使われています。

レアメタル不足の解決方法

❶都市鉱山を利用する

蓄電池やスマホをリサイクルしてレアメタルやレアアースを回収することも重要。これら廃棄物の中には有用な資源があるので、都市鉱山とも呼ばれている。東京2020オリンピックでは、金銀銅のメダルは、回収した金属で作られた

古くなった蓄電池やスマホを回収して、その中のレアメタルやレアアースを取り出して再利用できるんだよ

レアメタルが足りなくなったらどうしよう

❷替わりのレアメタルを見つける

レアメタルの中でも特に不足するレアアース。強力磁石に使うネオジムの不足に備えて、豊富で安価なランタンとセリウムの量を増やしてネオジムを減らした磁石が開発されている。このように、替わりとなるレアメタルを見つけることも重要

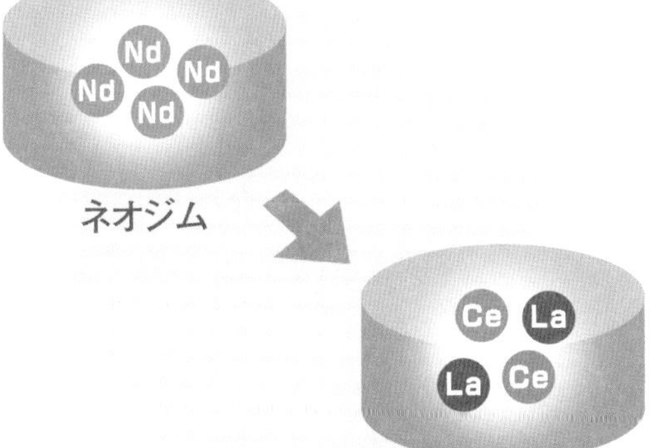
Nd
Nd
Nd
Nd
ネオジム
Ce
La
La
Ce
ランタンやセリウム

❸海底のレアメタルを掘り出す

日本の海域の海底でも産出する場所が見つかっていて、国の機関では調査や生産技術の開発を進めている。将来、資源として使える可能性が出てきている

　レアメタルが不足しないように、いくつかの国から輸入する仕組みを作ることが大切です。資源のある国から、レアメタルの鉱山で掘る権利を得ることも大事です。それでも、産出する国が限られていて、その国との関係が悪くなり輸入できなくなったり、災害により生産量が下がるかもしれません。

　不足しないようにするには、上の図のような3つの方法があります。

CO_2を減らすためにどんな技術が必要なの？

革新的な技術を開発する

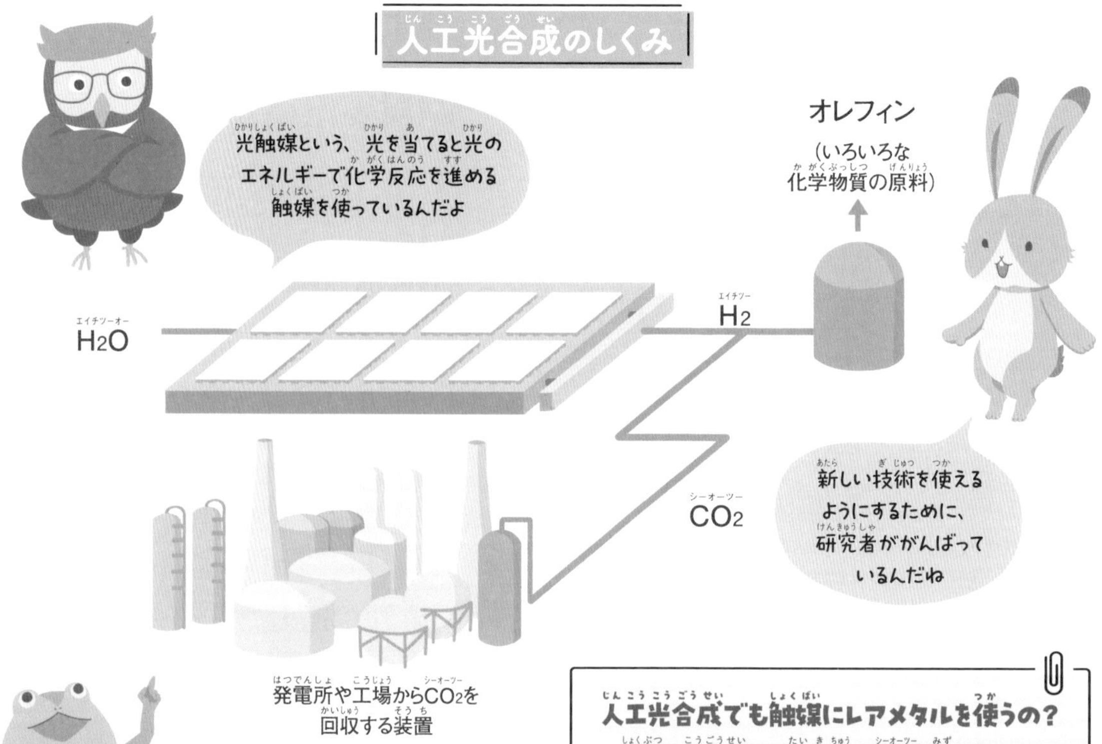

人工光合成のしくみ

光触媒という、光を当てると光のエネルギーで化学反応を進める触媒を使っているんだよ
オレフィン
(いろいろな化学物質の原料)
H_2O
H_2
CO_2
新しい技術を使えるようにするために、研究者ががんばっているんだね
発電所や工場からCO_2を回収する装置
カーボンニュートラルを実現するには、いろいろな分野の技術が必要だよね

人工光合成でも触媒にレアメタルを使うの？

植物の光合成では大気中のCO_2と水から、デンプンなどの有機物を作ります。そのときに酸素が出ます。

水とCO_2から有機物を作る点が同じなので、人工光合成と呼んでいます。太陽光発電とは違い、電気を使わずに水素が作れます。そのためには、コバルトなどレアメタルの触媒を使います。

カーボンニュートラルの実現には、すべての分野でCO_2を削減する技術を導入することが必要です。特に、大きな進歩に結びつく革新的な技術が求められており、多くの人が目標をもって、研究をつづけることが重要です。また、その研究を国や企業が支援して、産業で使えるようにしていく必要があります。

期待されている技術の1つに、植物の光合成と同じことを人工的に作り出す人工光合成という方法があります。人工光合成では、太陽の光を当てて、まず、水を水素と酸素に分解します。水素とCO_2からいろいろな有機物である化学品を作るもので、その技術を開発しています。

そのほかの期待される新しい技術

触媒で反応が進む

触媒とは、物体そのものは変化せずに化学反応を早く進める物質のこと。カーボンニュートラルでは、CO_2からメタンやメタノールなどの化学物質を作るのにも使われている。人工光合成に使われる光触媒もその1つ

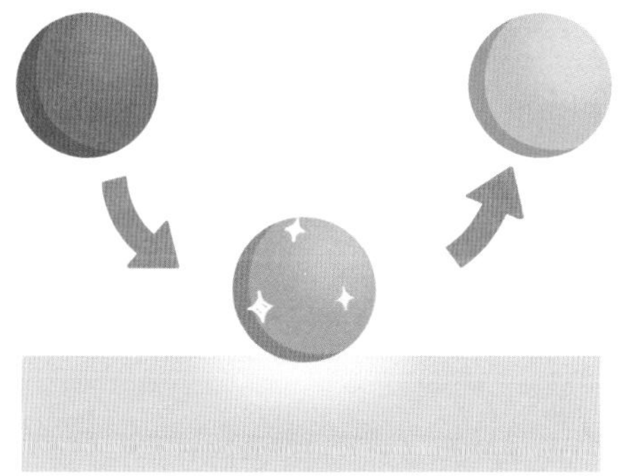

蓄電池は重要

自動車やパソコン、スマホだけではなく、蓄電池は再エネを夜もうまく使うために必要な装置。今、使われているリチウムイオン電池よりも何倍も電気を貯められる蓄電池ができれば、大型の飛行機を電気で飛ばせるかもしれない

スーパーコンピューターで気候を予測

膨大な情報を超高速で計算するコンピューター。地球の気候変動や大規模災害の発生など、複雑な現象の予測に力を発揮する。薬や材料の開発などにも使われている。
日本で開発したスーパーコンピュータ「富岳」は2021年まで計算速度で世界1位だった。現在は2位になったが、とても使いやすいといわれている

AIはすさまじい勢いで進歩している

膨大な情報で学習したAIを使うことで、研究を効率良く進めることができるようになった。さらに活用が進めば、CO_2の排出が少ない方法を選ぶこともできるかもしれない

身近な技術としては、今の何倍も電気を貯めることができて、安い値段で軽い蓄電池ができたらいいですね。

エネルギーに直接関係しない分野でも、カーボンニュートラルに重要な技術があります。たとえば、量子コンピュータという計算速度が速いコンピュータが実用化されつつあり、現在のスーパーコンピュータで時間がかかっていた計算が短時間でできるようになります。そうすれば、新しい材料や触媒の開発が短時間でできるかもしれません。

AIも過去の膨大な情報を整理してくれるので、研究をするのに役立ちます。これらの技術をうまく使ってカーボンニュートラルを実現するのです。

CO_2を減らすためにどんなしくみができるの？

CO_2を数値にして目にみえるようにする

ジュースのライフサイクルでもCO_2がたくさん出ているんだ

ジュースのライフサイクルで出るCO_2

生産 → 製造 → 輸送 → 消費 → 廃棄

1 生産
ニンジンを苗から育てて、収穫するまでにCO_2が出る。容器を作るときにもCO_2が出る

2 製造
ニンジンを工場に運んでジュースにし、容器に詰めるときにもCO_2が出る

3 輸送
ジュースをお店に運ぶときも、自動車からCO_2が出る

4 消費
ニンジンジュースを冷蔵庫で冷やすと、電気を使うためCO_2が出る

5 廃棄
空になった容器を回収するときにもCO_2が出る

ライフサイクルアセスメントってどんなこと？

ある製品をつくる場合、原料を運んできて、工場で加工し、製品として売るために運びます。使い終わるとリサイクルするかゴミになります。これら一連の流れをライフサイクルといいます。ライフサイクルでCO_2がどれだけ出るかは、どうやって減らすかを考える上で重要です。そのライフサイクルで出るCO_2が環境にあたえる影響を評価する仕組みを、ライフサイクルアセスメント（LCA）と呼びます。

カーボンフットプリント・マークってなに？

図のようなカーボンフットプリントの数字が表示されている商品が増えています。

100g
CO_2

商品を原料から作り、使い、回収・廃棄するまでに出る温室効果ガス（GHG）をCO_2に換算した量を示しています。

資料提供：一般社団法人 サステナブル経営推進機構

CO_2は目に見えないので、減らしたつもりでも、よくわかりません。そこで、見えるようにしたのがカーボンフットプリントです。日本語では炭素の足跡といい、ライフサイクルを通して出るCO_2を数字で示したものです。

企業は、このカーボンフットプリントに適合した製品を作るときに、できるだけCO_2排出が少なくなるように努力します。CO_2排出量表示マーク（カーボンフットプリント・マーク）をつけた商品も多くなってきています。

製品を買うときに、同じような製品なら、CO_2排出量表示マークのついた製品を買うことで、CO_2削減に協力できるかもしれません。

カーボンプライシングのしくみ

再エネの発電所を建設するとか、持続可能なことにはサステナブルファイナンスを提供できるよ
CO_2をたくさん出すビジネスには、お金は貸せないよ

カーボンプライシングを使って、税金をとったり、権利を売り買いしてCO_2を減らすのさ

CO_2を出したら、その分、お金を払わないといけないのか

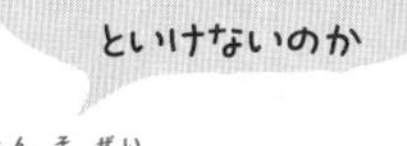

炭素税

政府が、排出されるCO_2に値段をつけて、排出者から税金を徴収する

CO_2を出さないで品物を作らないといけないんだね

国境炭素税

CO_2がたくさん出たとしても安く製品をつくり輸出を増やしたい国があった場合、その国から製品を輸入するときに、国境炭素税を払ってもらうという仕組みが考えられている

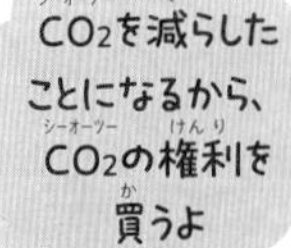

約束したよりもCO_2を減らしたから、その権利を君に売るよ

CO_2を減らしたことになるから、CO_2の権利を買うよ

排出権取引制度

はじめに設定した目標値と実際の排出量の差を排出したところどうしで取引する

カーボンクレジット

適切な森林管理で吸収したCO_2や、省エネ・再エネを使って減らしたCO_2の量を、減らす目標を達成するために買い取る制度。国際的にも使える

サステナブルファイナンスってどんな意味?

　サステナブルファイナンスとは、「持続可能なことに資金を提供する」ことです。SDGs で示されている国際的な社会の課題に対して、解決に必要な資金を提供することを指します。

　カーボンニュートラルに必要な技術の開発や、そのための経済活動などには大きなお金がかかるので、銀行や年金を管理しているところがお金を提供します。

　CO_2を回収したり貯めたりするにはお金がかかります。再エネも、化石燃料に比べて値段が高いことが多いです。でも、みなさんだけではなく、会社も安いエネルギーを使いたがります。CO_2を減らすには、CO_2を減らした人が損をしないような工夫が必要です。

　CO_2を出す会社には、出した分のお金を払ってもらう方法があります。CO_2に値段をつけるカーボンプライシング(炭素価格付け)により、炭素税という税金を払ってもらう方法です。ヨーロッパでは、CO_2の1トンが1万円以上の国がいくつかあります。この他に、カーボンプライシングには、排出権取引制度や、カーボンクレジット取引などの方法があります。また、国際間の輸出入では、CO_2を多く出して作った製品にかける国境炭素税があります。

17

カーボンニュートラルでライフスタイルはどう変わるの？

デジタルを活用して使うエネルギーを少なくする

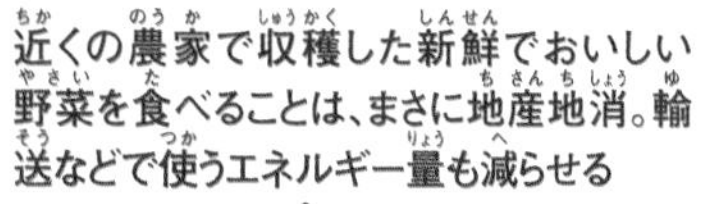
近くの農家で収穫した新鮮でおいしい野菜を食べることは、まさに地産地消。輸送などで使うエネルギー量も減らせる

電気を効率よく使う家電で
CO_2を減らせるね

地産地消ってどんなこと？

エネルギーや農産物を作ったところで使うことを、地産地消といいます。今も地域のゴミ処理場では、発電をして、その電気を近くで使っています。近くの農家で収穫した野菜を食べるのも地産地消です。地産地消により、運ぶときに使うエネルギーが少なくてすみます。

家での生活でもエネルギーの節約ができる。ZEH(p.106) のように、住宅を改修したり、太陽光発電での電気をうまく使って、CO_2 の排出をなくすことができる

エアコンの性能とは？

身近な家電である、エアコンの性能を示す表示に「通年エネルギー消費効率（APF）」があります。これは、1年間の消費電力量 1kWh 当たりの冷房・暖房性能を表したもので、大きいほど省エネエアコンです。15年前のものに比べて、約 15% も電気を使う量が減っています。

普段の生活も変わるでしょう。カーボンニュートラルは、デジタル化とともに進むと思います。海外や国内の再生可能エネルギー（再エネ）をうまく制御して大量に導入し、カーボンニュートラルを実現した世界では、どんな生活になるのでしょうか。

コロナ禍をきっかけにして、出勤せずに自宅で仕事をする人が増えました。学校のオンライン授業も行われるようになりました。

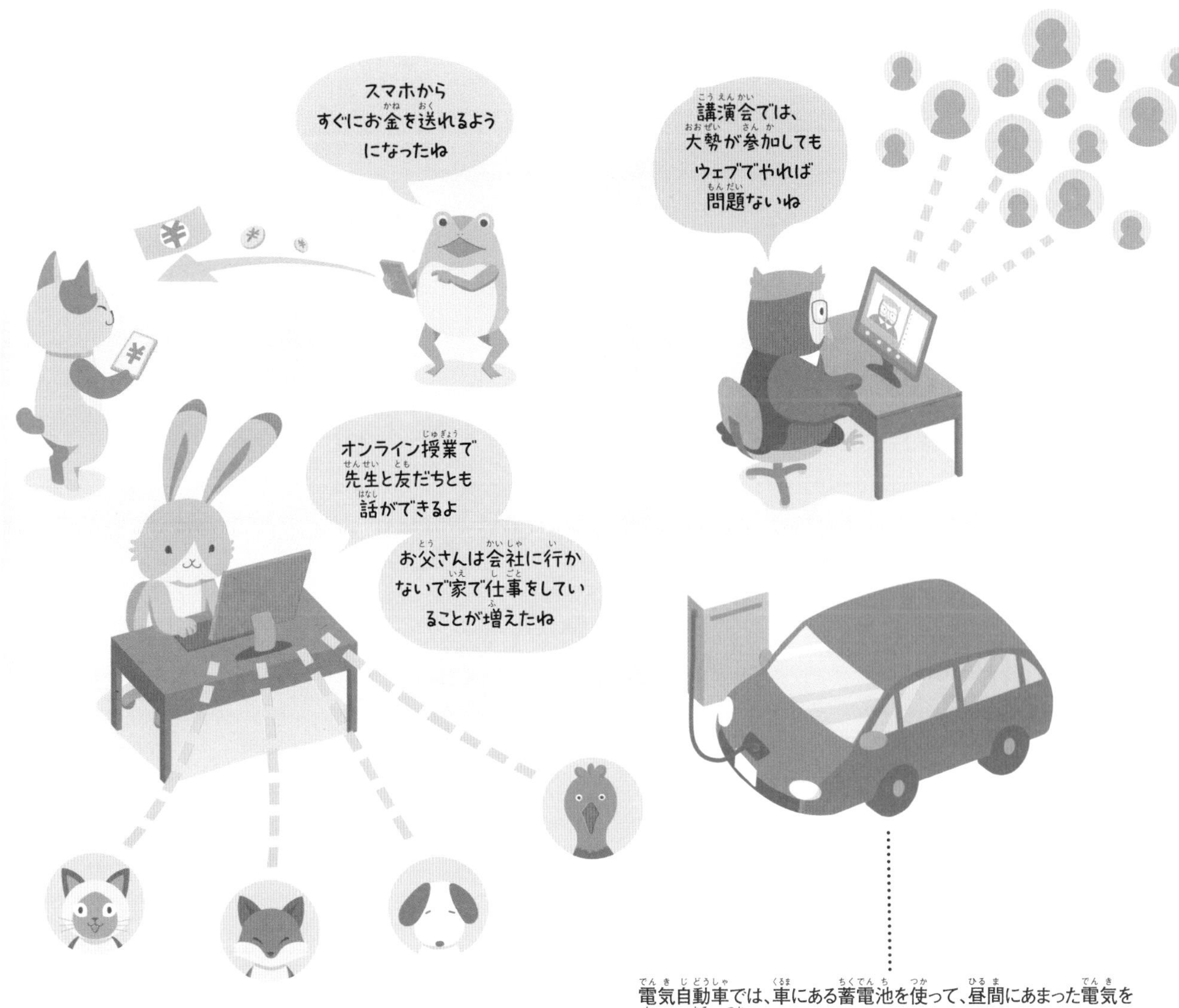
スマホから
すぐにお金を送れるよう
になったね
講演会では、
大勢が参加しても
ウェブでやれば
問題ないね
オンライン授業で
先生と友だちとも
話ができるよ
お父さんは会社に行か
ないで家で仕事をしてい
ることが増えたね

電気自動車では、車にある蓄電池を使って、昼間にあまった電気を貯めて夜に使うこともできる

これができるのも、デジタル化で家にいても問題なくコミュニケーションが図れるからです。その結果、通勤、通学に使うエネルギーはいらなくなります。

再エネをたくさん使うようにしたり、あらたな技術を開発したり、デジタル化を進めたり、世の中の決まりごとである制度を組み合わせたり、世界の国が協力したりして、カーボンニュートラルを実現しましょう。

自動車が自動運転になるとCO_2が減らせるの？

自動車では、電気自動車（BEV）の普及とともに、自動運転や、行きたいところに送迎してくれるMaaS（移動のサービス）が普及すると言われています。その結果、必要なときだけ、効率よく自動車を使うことができ、エネルギーの使う量も減ります。

おわりに

カーボンニュートラルとはなんなのか、おわかりいただけたでしょうか。小中学生の皆さんは、2050年には社会のキーパーソンになっていることでしょう。その時に、どんな世界になっているでしょうか。

「カーボンニュートラルに成功した世界」

世界が一体となってカーボンニュートラルに向けて進んだことで、気温は少し上がり、自然災害は増えたけれど、多くの国では安心して生活ができます。日本では、電気は今まで通り、停電になることもなく使えます。

デジタル化は急速に進み、メタバースのバーチャルオフィスでの仕事にも慣れました。1時間以上もかけて通勤や通学をする生活はなくなり、その分、家族での団らんやスポーツや趣味を楽しめるようになりました。友達とのコミュニケーションは以前より増えた感じがします。海外の友達ともVRを使って、目の前で会っているような感覚で付き合えます。もちろん、AIを使った自動翻訳でストレスなく話ができます。

出かけるときには、自動運転の無人の電気自動車が迎えに来てくれます。新たな産業が芽生えたこともあり、大人の人達も景気が良くなったと言っています。そんな生活は、以前よりずっと快適です。

「カーボンニュートラルに失敗した世界」

カーボンニュートラルに向けて、世界の国々は力を合わせて解決しようとしましたが、お互いの都合を主張し合い、意見がまとまらず、途中であきらめてしまいました。自然災害は年ごとに激しさを増し、海面が上昇したことで日本の中でも沿岸地域には住めません。水没してしまった島国もあります。停電はひんぱんに起きるし、それ以上に疫病が広がり、パンデミックが生じたりして、安心して住めません。戦争にならないことを願っています。

通勤、通学も一苦労です。友達と会っても、暗い話ばかりです。お米も、北海道でしか収穫できないそうです。それでも、昔からの自動車を手放さないで使っていますが、沿岸地域の道路は水浸しになるし、山ではがけ崩れで通れません。さらに、デジタル化に乗り遅れた大人の人は仕事がないと嘆いています。この先、どんな世界になるのか心配です。

みなさんが安心して、心豊かに快適に生活できるよう、世界で多くの人が努力をしています。みなさんも、カーボンニュートラルを応援してください。

2023年 4月　小野﨑 正樹

参考書籍

◎「エネルギーの世紀」ダニエル・ヤーギン[著]／東洋経済新報社(2015)
◎「新しい世界の資源地図」ダニエル・ヤーギン[著]／東洋経済新報社(2022)
◎「60分でわかる!　カーボンニュートラル超入門」前田雄大[著]／技術評論社(2022)
◎「グリッドで理解する電力システム」岡本浩[著]／日本電気協会新聞部(2020)
◎「NEDO再生可能エネルギー技術白書 第2版」
独立行政法人新エネルギー・産業技術総合開発機構[編]／森北出版(2014)
◎「エネルギー新時代の夜明け」山地憲治[著]／エネルギーフォーラム(2020)
◎「エネルギー白書　2022年版」経済産業省[著]／日経印刷(2022)
◎「カーボンニュートラル実行戦略：電化と水素、アンモニア」
戸田直樹, 矢田部隆志, 塩沢文朗[著]／エネルギーフォーラム(2021)
◎「カーボンニュートラルの経済学」小林光, 岩田一政[著]／日経BP 日本経済新聞出版本部(2021)
◎「サクッとわかるビジネス教養　地政学」奥山真司[著]／新星出版社(2020)
◎「資源争奪の世界史」平沼光[著]／日本経済新聞出版(2021)
◎「図解でわかるカーボンニュートラル」
一般財団法人エネルギー総合工学研究所[編著]／技術評論社(2021)
◎「図解でわかるカーボンリサイクル」
一般財団法人エネルギー総合工学研究所[編著]／技術評論社(2020)
◎「図解でわかる14歳から知る気候変動」インフォビジュアル研究所[著]／太田出版(2020)
◎「図解でわかる14歳からの脱炭素社会」インフォビジュアル研究所[著]／太田出版(2021)
◎「図解でわかる14歳からの地政学」インフォビジュアル研究所[著]／太田出版(2019)
◎「『脱炭素化』はとまらない!　ー未来を描くビジネスのヒントー」／
江田健二, 阪口幸雄, 松本真由美[著]／成山堂書店(2020)
◎「地球温暖化のファクトフルネス」杉山大志[著]／キャノングローバル研究所(2021)
◎「地球の未来のため僕が決断したこと」ビル・ゲイツ[著]／早川書房(2021)
◎「超入門　カーボンニュートラル」夫馬賢治[著]／講談社(2021)
◎「武器としてのエネルギー地政学」岩瀬昇[著]／株式会社ビジネス社(2023)
◎「見てわかる!　エネルギー革命:気候変動から再生可能エネルギー, カーボンニュートラルまで」
一般財団法人エネルギー総合工学研究所[著]／誠文堂新光社(2022)
◎「名作の中の地球環境史」石弘之[著]／岩波書店(2011)

参考文献・報告書

◎BP, ”Statistical Review of World Energy 2022”, (2022)

◎IEA, “Atlas of Energy”, (2021)

◎IEA, "Energy Technology Perspectives", (2023)

◎IEA, "The Role of Critical Minerals in Clean Energy Transitions", (2022)

◎IEA, "World Energy Outlook 2022", (2022)

◎有山達郎,「鉄鋼における二酸化炭素削減長期目標達成に向けた技術展望」, 鉄と鋼, 105, (6), 567-586 (2019)

◎小野﨑正樹, 橋崎克雄,「カーボンニュートラルのための地政学」, 季報エネルギー総合工学, 45, (2), 34-48 (2022)

◎経済産業省,「水素・燃料電池戦略ロードマップ」(2019)

◎経済産業省,「2050年カーボンニュートラルの実現に向けた検討」(2021)

◎経済産業省,「第6次エネルギー基本計画」(2021)

◎経済産業省他,「カーボンリサイクル技術ロードマップ」(2021)

◎国土交通省,「国際海運のゼロエミッションに向けたロードマップ」(2020)

◎大聖泰弘,「運輸部門におけるCO_2排出削減技術の現状と今後の展望」, 化学工学, 85, (1), 38-41 (2021)

◎独立行政法人エネルギー・金属鉱物資源機構(JOGMEC),「鉱物資源マテリアルフロー2021」

◎独立行政法人日本貿易振興機構(JETRO), 「世界最大の再生可能エネルギー市場・設備製造国として、対外進出にも意欲」(2021)

◎内閣府統合イノベーション戦略推進会議,「革新的環境イノベーション戦略」(2020)

参考ウェブサイト

◎EIA（U.S. Energy Information Administration）, https://www.eia.gov/
◎IEA（International Energy Agency）, https://www.iea.org/
◎IPCC（The Intergovernmental Panel on Climate Change）, https://www.ipcc.ch/
◎IRENA（International Renewable Energy Agency）, https://www.irena.org/
◎NETL（National Energy Technology Laboratory）, https://netl.doe.gov/
◎UNEP（United Nations Environment Programme）, https://www.unep.org/
◎UNFCCC（United Nations Framework Convention on Climate Change）, https://unfccc.int/
◎一般財団法人エネルギー総合工学研究所, https://www.iae.or.jp/
◎一般社団法人火力原子力発電技術協会, https://www.tenpes.or.jp/
◎一般社団法人海外電力調査会, https://www.jepic.or.jp/
◎一般社団法人日本ガス協会, https://www.gas.or.jp/
◎一般社団法人日本自動車工業会, https://www.jama.or.jp/
◎一般社団法人日本鉄鋼連盟, https://www.jisf.or.jp/
◎環境省, http://www.env.go.jp/
◎気象庁, http://www.jma.go.jp/jma/index.html
◎経済産業省, https://www.meti.go.jp/
◎経済産業省・資源エネルギー庁, https://www.enecho.meti.go.jp/
◎公益財団法人地球環境産業技術研究機構（RITE）, https://www.rite.or.jp/
◎国土交通省, https://www.mlit.go.jp/
◎国立研究開発法人新エネルギー・産業技術総合開発機構（NEDO）, https://www.nedo.go.jp/
◎石油連盟, https://www.paj.gr.jp/
◎電気事業連合会, https://www.fepc.or.jp/
◎電力中央研究所, https://criepi.denken.or.jp/
◎独立行政法人エネルギー・金属鉱物資源機構（JOGMEC）, https://www.jogmec.go.jp/

索引

英数字

あ行

か行

さ行

た行

な・は行

ま行

ら行

著者略歴

小野﨑正樹（オノザキ マサキ）

一般財団法人エネルギー総合工学研究所、アドバイザリー・フェロー、博士（工学）、米国プロフェッショナルエンジニア（PE）。

1975年、早稲田大学大学院理工学研究科化学工学専修修士課程修了後、千代田化工建設株式会社に入社。1980年から1981年まで石炭転換技術の研究のため米国ウェストバージニア大学留学。石油精製、化学プラントの設計、建設を担当。2000年に現研究所に移籍し、化石燃料グループの部長、研究所の理事として、エネルギー技術戦略策定や化石燃料の利用技術の検討、CCUSやカーボンニュートラルの研究に従事。また、経済産業省のエネルギー関係の各種委員を歴任。

近著に「図解でわかるカーボンリサイクル」（共著、技術評論社、2020年）、「図解でわかるカーボンニュートラル」（共著、技術評論社、2021年）など多数。

イラストレーター略歴

小野﨑理香（オノザキ リカ）

2006年、武蔵野美術大学視覚伝達デザイン学科卒業、2008年、東京芸術大学大学院映像研究科修士課程修了、会社員を経てフリーランスのイラストレーター、映像クリエイターとして独立。2018年“JIA Illustration Award 2018”でグランプリ受賞。幅広いタッチで多くの書籍の挿絵・イラストを手がけている。

■本書へのご意見、ご感想について

本書に関するご質問については、下記の宛先にFAX もしくは書面、小社ウェブサイトの本書の「お問い合わせ」よりお送りください。
電話によるご質問および本書の内容と関係のないご質問につきましては、お答えできかねます。あらかじめ以上のことをご了承の上、お問い合わせください。
ご質問の際に記載いただいた個人情報は質問の返答以外の目的には使用いたしません。また、質問の返答後は速やかに削除させていただきます。

〒162-0846　東京都新宿区市谷左内町21-13
株式会社技術評論社　書籍編集部
「やさしくわかるカーボンニュートラル」質問係

FAX番号：03-3267-2271

本書ウェブページ：
https://gihyo.jp/book/2023/978-4-297-13320-7

本書ウェブページの
QRコード

カバー・本文デザイン
神永愛子（primary inc.,）

DTP
松尾美恵子／山口勉
（primary inc.,）

編集
最上谷栄美子

未来につなげる・みつけるSDGs
やさしくわかるカーボンニュートラル
～脱炭素社会をめざすために知っておきたいこと～

2023年　4月　26日　初版　第1刷発行

著　者　　小野﨑 正樹
発行者　　片岡 巌
発行所　　株式会社技術評論社
東京都新宿区市谷左内町21-13
電話　03-3513-6150　販売促進部
03-3267-2270　書籍編集部
印刷／製本　株式会社 加藤文明社

定価はカバーに表示してあります。

造本には細心の注意を払っておりますが、万一、乱丁（ページの乱れ）や落丁（ページの抜け）がございましたら、小社販売促進部までお送りください。送料小社負担にてお取り替えいたします。

ISBN 978-4-297-13320-7 C0030
Printed in Japan